KB251915

일본 워킹유학 & 바로가기

일본 워킹&유학 바로가기
[부록:일본 워킹&유학 필수회화]

2010년 9월 10일 초판 1쇄 인쇄
2010년 9월 15일 초판 1쇄 발행

지은이 | 김대현,나라유리에
펴낸이 | 이종춘
펴낸곳 | 니혼고팩토리 (성안당)
주 소 | 경기도 파주시 교하읍 문발리 출판문화정보산업단지 536-3
전 화 | 031-955-0511
팩 스 | 031-955-0510
등 록 | 1973. 2. 1. 제13-12호
홈페이지 | www.langfac.com | www.cyber.co.kr
수신자부담 전화 | 080-544-0511
내용문의 | 02-3142-0037

ISBN 978-89-315-1765-1
정가 14,000원

이 책을 만든 사람들
기획총괄 | 조병희
본문디자인 · 삽화 | 오미영
표지디자인 | 김용호
제작 | 구본철

머리말

　유학은 인생의 진로를 바꾸게 하는 큰 계기가 될 수 있다. 많은 사람들이 유학을 통해 더 넓은 세상을 보게 되고 보다 큰 꿈을 꾸게 된다. 단 하루를 살더라도, 자신이 하고싶은 일을 하면서 보람을 느끼며 사는 것이 열정적이고 행복한 삶이 아닐까. 젊은 시절에는 안정보다는 변화를 추구하는 사람이 더 앞서 가게 된다. 자원이 부족한 대한민국에서는 우물 안에 갇혀있는 것보다는 더 큰 세상으로 나가는 것이 정답이다.

　유학은 자신을 업그레이드하는 시기에 해당한다. 그것은 단순히 어학실력의 업그레이드를 의미하는 것이 아니라, 보다 넓은 다른 문화에 대한 이해와 지적 발전을 통해 앞으로 자신의 미래를 개척해 갈 수 있는 힘을 얻을 수 있는 기회인 것이다. 차분히 10년 후의 자신의 미래를 상상해 보라. 무엇을 하면 자신이 가장 활발하고 만족스럽고 행복할 지를 생각해 보라. 그리고 지금까지 이뤄놓은 것들을 바탕으로 이제 자기 자신의 내면의 명령에 따라 자신의 위대한 미래를 그려보시기 바란다.

　실패는 도전해 보지 않은 단계를 실패라고 한다. 도전해 보고 자신의 꿈을 이루기 위해 열정적으로 노력한 후에 자신이 원하는 만큼 얻지 못하는 것은 실패가 아니다. 그것은 또 하나의 거대한 성공을 위한 기초가 되기 때문이다.

　이 책은 유학으로, 어학연수로, 워킹홀리데이로 일본으로 출국하려는 분들에게 일본에서의 소중한 현지 생활을 계획하는 데에 도움이 되었으면 하는 바람으로 만들어졌다. 이 책을 만드는 데에 도움을 주신 니혼고팩토리 출판사의 관계자 여러분들께 감사의 말씀을 드리며, 아울러 바쁜 유학생활 속에서도 흔쾌히 체험 수기를 게재해 준 현지 워킹생, 유학생 분들에게 감사와 함께 응원의 박수를 보낸다.

2010년 8월 김대현

목차 | 일본 워킹&유학 바로가기

목차 ｜ 부록〈일본 워킹＆유학 필수회화〉

이 부분은 원어민 녹음이 되어 있습니다.

무료 다운로드 | www.langfac.com

1부

일본 워킹
홀리데이
비자

1. 일본워킹홀리데이비자의 개요

일본워킹홀리데이비자는 한국과 일본의 보다 긴밀한 우호 관계를 촉진한다는 취지하에 양국의 청소년들에게 쌍방의 문화 및 일반적인 생활양식을 이해할 기회를 제공하기 위해 1999년 4월부터 양국 간의 Working-Holiday제도가 실시되었다. 2009년 이전까지는 연간 3,600명을 선발했으나, 2009년부터는 연간 7,200명으로 선발인원이 확대되며, 2012년까지는 10,000명으로 확대된다. 또한 이전에 사증을 발급 받은 경우에는 다시 신청해도 사증을 발급받을 수 없다.

Working-Holiday 사증안내

사증 발급일로부터 1년간 유효한 단수 입국사증으로, Working-Holiday 사증으로 입국하는 한국의 청소년은 일본에 입국한 후, 최장 1년간의 체재가 허가되고, 휴가의 부수적인 활동으로서 여행자금을 보충하기 위한 취업이 인정된다.
(단, 바, 카바레 등 유흥업 또는 그에 관련된 영업을 하고 있는 업소에서 일하는 것은 제외)

일한 Working-Holiday 사증 발급요건

① 대한민국에 거주하는 대한민국 국민일 것.

② 주된 목적이 휴가를 보내기 위해 일본에 입국할 의도를 가질 것.

③ 사증 신청 시점에서 원칙적으로 18세 이상 25세 (부득이한 사정이 있다고 인정되는 경우는 30세) 이하일 것.

④ 자녀를 동반하지 않는 자일 것.

⑤ 귀국 시 비행기 표를 구입하기에 충분한 자금 및 일본에서의 체재 초기에 생계를 유지할 수 있을 만큼의 자금을 소지할 것.(약 250만원)

⑥ 건강할 것.

⑦ 이전에 본 건 Working-Holiday 제도를 이용한 적이 없을 것.

⑧ 일본에서 생활하기 위해 필요한 최저한도의 일본어 능력을 갖고 있거나 혹은 습득할 의욕을 가질 것.

아래의 서류를 준비해서 일본대사관에 직접 혹은 당관에서의 사증 신청이 인정되어 있는 지정여행업자 등을 통해서 신청해야 한다. (우편으로 송부된 신청은 인정하지 않는다) 또한 동일 신청자로부터의 복수 신청은 모두 무효 처리된다.

❶ 사증신청서 (소정양식, 사진부착)
사이즈는 대강 가로4.5cm×세로4.5cm, 무배경, 6개월 이내에 촬영한 것.

❷ 이력서 (소정양식)
일본어 또는 영어로 기재 – 신청자 본인이 작성해야 한다.

❸ Working-Holiday 제도를 이용하고 싶은 이유를 기재한 진술서
일본어 또는 영어로 기재 – 신청자 본인이 작성해야 한다.

❹ Working-Holiday 제도로 일본에 입국해서 무엇을 하고 싶은가를 기재한 진술서
일본어 또는 영어로 기재 – 신청자 본인이 작성해야 한다.

❺ 조사표 (소정양식)
※2009년 제1사분기부터 추가되었음.

❻ 기본증명서

❼ 주민등록증(앞, 뒷면) 복사, 주민등록등본 또는 주민등록초본 세 가지 중의 하나

아래 ❸, ❹의 서류에 대해
특히 대리 신청인 경우에 본인이 작성한
것이라고는 인정할 수 없는 것이 다수
보여지는데, 그와 같은 서류를
제출한 경우 심사에 불리해진다.

※매년 일본대사관 홈페이지에 공지

❽ 병역을 필한 것을 증명할 수 있는 서류
⑦의 주민등록초본과 겸용 가능

❾ 재학증명서(휴학증명서도 가능) **또는 최종학력을 증명하는 자료**
(졸업증명서 등)

❿ 귀국 시 비행기 표를 구입할 수 있는 자금 및 일본에서의 체재초기에 생계를 유지할 수 있을 만큼의 자금 (약 250만원)**을 소지한 것을 증명하는 예금 잔고증명서**
일청인이 부양을 받고 있는 경우에는 부양자의 예금 잔고증명서도 가능하며 이때 부양자와의 가족관계증명서를 제출해야 한다.

⓫ 신청인의 우편번호, 주소, 성명을 기재한 회신용 우편엽서

⓬ 일본어능력입증자료
일본국제교육지원협회인정의 일본어능력시험(JLPT)인정증, 일본어학교의 수료증서 등. 입증자료가 없는 사람도 신청은 가능하다.

⓭ 여권복사
신분사항 란은 확대 및 축소금지, 컬러복사금지, 지금까지 일본에의 출입국 확인이 있는 페이지 전부를 깨끗하게 복사해야 한다. (만약 여권을 분실하여 출입국력을 복사할 수 없는 경우에는 출입국사실증명원을 제출해야 한다.)

신청기간

2010년의 신청기간의 예

(다음의 세 곳 어느 곳에서 신청해도 신청기간은 같다.)

신청시간 오전 9:30 ~ 11:30, 오후 1:30 ~ 4:00

- 제 1 사분기 2월 1일 (월)부터 2월 5일 (금)까지
- 제 2 사분기 4월 26일 (월)부터 4월 30일 (금)까지
- 제 3 사분기 7월 26일 (월)부터 7월 30일 (금)까지
- 제 4 사분기 10월 18일 (월)부터 10월 22일 (금)까지

※ 신청기간 최종일은 신청자가 많아 대단히 혼잡하므로, 가능한 한 최종일은 피하는 것이 좋다.

신청장소

주민등록상의 주소에 따라 다음의 세 곳에서 신청할 수 있다.

○ **주대한민국일본국대사관 영사부**

서울특별시 종로구 수송동 146-1 이마빌딩 7층

(현 주소가 부산총영사관, 제주총영사관의 관할 이외인 사람)

○ **재부산일본국총영사관**

부산광역시 동구 초량동 1147-11

(현 주소가 부산광역시, 대구광역시, 울산광역시, 경상남 · 북도 인 사람)

○ **재제주일본국총영사관**

제주특별자치도 제주시 노형동 977-1

(현 주소가 제주특별자치도인 사람)

심사결과의 통지

홈페이지에 공시 및 통지서(엽서) 발송으로 결과를 알려 드립니다. 엽서 발송 예정 시기는 대강 다음과 같다.

- 제 1 사분기 3월 초순경
- 제 2 사분기 5월 하순경
- 제 3 사분기 8월 하순경
- 제 4 사분기 11월 하순경

심사에 통과되신 분은 통지서(엽서)에 기재된 일시에 여권과 엽서를 지참해서 신청하면 된다.

앙케이트 조사

사증 발급 시에 앙케이트 조사(소정양식)를 배부하므로, 워킹홀리데이 제도를 이용하고 한국에 귀국한 후에 필요사항을 기입한 후, 사증발급을 받은 공관에 메일이나 우편으로 제출하면 된다.

※ 일본대사관 앙케이트 메일주소 : visa@japanem.or.kr

(별첨)

일한 워킹 홀리데이 사증 제도

1 . 개요 · 제도 취지

 일한 워킹 홀리데이 제도는 일한 간의 협정에 기초해 양국이 상대국 청소년들에게 그 나라의 문화나 일반적인 생활양식을 이해할 기회를 제공하기 위해 그 나라에서 일정기간 휴가를 보내는 활동과 그 동안의 체재비를 보충하기 위한 취업을 인정하는 제도입니다.

2 . 대한민국 국민에 대한 워킹 홀리데이사증 발급요건

 일본은 정해진 발급수의 범위 내에서 다음 요건을 충족시키는 대한민국 국민에게 1년간 유효한 워킹 홀리데이를 위한 단수 입국사증을 발급합니다.

① 대한민국에 거주하는 대한민국 국민일 것
② 주된 목적이 휴가를 보내기 위해 일본에 입국할 의도를 가질 것.
③ 사증 신청 시점에서 원칙적으로 18세 이상 25세(부득이한 사정이 있다고 인정되는 경우는 30세)이하일 것.
④ 자녀를 동반하지 않는 자일 것.
⑤ 유효한 여권과 귀국을 위한 비행기 표(혹은 귀국 시 비행기 표를 구입하기 위한 자금)를 소지할 것
⑥ 일본에서의 체재 초기에 생계를 유지할 수 있을 만큼의 자금(약 250 만원)을 소지할 것
⑦ 건강할 것.
⑧ 이전에 본 건 워킹 홀리데이 제도를 이용한 적이 없을 것.
⑨ 일본에서 생활하기 위해 필요한 최저한도의 일본어 능력을 갖고 있거나 혹은 습득할 의욕을 가질 것.

3 . 신청수속

대한민국 국내에 있는 일본 대사관이나 총영사관에서 신청할 필요가 ·있습니다.

4. 취업 등에 대해서

일본은 워킹 홀리데이 사증을 가지고 있는 분에 대해서 일본 국내에서 최장 1년간의 휴가를 보낼 활동과 이를 위해서 필요한 여행 자금을 보충하기 위한 보수를 받는 활동에 종사하는 것을 인정합니다. 단, 유흥업 등, 워킹 홀리데이 제도의 목적에 맞지 않는 직종에 종사할 수 없습니다.

5. 지원기관

<사단법인 일본 워킹 홀리데이 협회>

 위 협회는 워킹 홀리데이 제도를 지원, 촉진하고 있는 공익법인으로서 워킹 홀리데이 사증으로 일본도항을 희망하는 한국인 청년들에 대한 정보 제공, 일본에 온 청년들에 대한 정보 제공 등의 서비스를 시행하고 있습니다. 또한 위 협회는 모두 등록제로 되어 있어 상기 서비스를 받기 위해서는 위 협회에 등록할 필요가 있습니다.

홈페이지 주소
http://www.jawhm.or.jp

⊙동경본부
東京都千代田區九段南(도쿄도 치요다쿠 구단미나미) 4 -7-16
(이치가야 KT빌딩1, 5층)
TEL 03-3265-3321
FAX 03-3265-3325

⊙오사카지부
大阪府大阪市中央區北浜東(오사카후오사카시츄우오쿠키타하마히가시) 3 -14
(엘오사카 4층)
TEL 06-6946-7010
FAX 06-6946-7021

⊙후쿠오카 ※ 특별강좌 수시개강
福岡県福岡市早良区百道(후쿠오카현 후쿠오카시 사와라쿠모모치) 2-3-15
(모모치파래스4층)
TEL 090-3546-3972
FAX 090-851-1028

또한 동협회의 등록에 대해서는 아래 단체를 통해서도 가능합니다.

•비영리 민간단체 한일사회 문화포럼

홈페이지 http://www.kjforum.org/camp/program.htm

TEL 02-552-4649

6. 기타
  방일한 외국인이 입국한 후 90일 이상 체재할 경우에는 거주지 기초자치단체사무소에서 외국인
등록을 하는 것이 의무화되어 있습니다.

VISA APPLICATION FORM TO ENTER JAPAN
일본국 입국 사증신청서
日本国 入国 査証申請書

写 真
(사 진)
approx. 45mm x 45mm

※ 6ヶ月以内に撮影した写真
최근 6개월 이내에 촬영한사진
Photo taken within 6months

Name in full______영자(英字)____________________한자(漢字)__________
신청인성명 (申請人姓名)　　　　　성姓(Surname)

______영자(英字)____________________한자(漢字)__________
명名(Given and middle name)

Different name used, if any___________________________________
별 명(別 名)

Date and place of birth______월(月)____일(日)____년(年) :____시(市)____도(道)____국(国)
생년월일빛출생지(生年月日及び出生地)　(month)　(day)　(Year)　(City)　(Province)　(Country)

Sex__M(남,男). F(여,女)__ Marital status : married________single______
성별(性別)　　　　혼인여부(婚姻状況)　기혼(既婚)　　　독신(独身)

Nationality or citizenship___________________________________
국 　 적 (国 籍)

Former nationality, if any___________________________________
원 국 적 (元 国 籍)

Purpose of journey to Japan__________________________________
방 일 목 적(訪 日 目 的)

Length of stay in Japan intended_____________________________
일본체류예정기간(日本滞在予定期間)

Route of present journey : Probable date of entry______________
입국노선 (入国路線)　　입국예정일 (入国予定日)

　　Port of entry into Japan___________Name of ship or airline_______
입국항(入国港)　　　　　이용선박 또는 비행기편명(利用船舶又は航空便名)

Passport　(Refugee or stateless should note the title of Travel Document)
여권(旅券)

　　No._________Diplomatic, Official, Ordinary Issued at______on__월(月)__일(日)__년(年)
번호(番号)　외교(外交) 관용(公用) 일반 (一般) 발급지(発給地) 발급일(発給日) (Month) (Day) (Year)

　　Issuing authority___________Valid until______월(月)__일(日)__년(年)
발행기관(発行機関)　　　여권유효기간(旅券有効満期日)　(Month) (Day) (Year)

Criminal record, if any______________________________________
범죄기록 유무 (犯罪記録有無)

Home address______________________Tel.자택전화번호 (自宅電話番号)________
현 주 소 (現 住 所)

______________________Tel.휴대전화번호 (携帯電話番号)________

Profession or occupation_____________________________________
직 업 (職 業)

Name and address of firm or organization to which applicant belongs 직장 또는 학교명 (職場又は学校名)

소재지 (所在地)___________________Tel.전화번호 (電話番号)________

Post or rank held at present__________________________________
현 직 위 (現 職 位)

Principal former positions____________________________________
과거주요경력 (過去主要経歴)

* Partner's Profession/occupation (or Parent's Profession/occupation)________
배우자 또는 부모의 직업 (配偶者又は父母の職業)

Address of hotels or names and addresses of persons with whom applicant intends to stay
일본체류예정장소 (日本での滞在場所)

____

Dates and duration of previous stays in Japan__________________
전회 방일시 년월일 및 기간 (前回訪日年月日及び期間)

Guarantor or reference in Japan_______________________________
일본보증인 (日本での保証人)

　　Address___________________Tel. 전화번호 (電話番号)________
주소 (住所)

　　Relationship 신청인과의 관계(申請人との関係)________________

* (Remarks) Special circumstances, if any______________________
비고 (備考)　　특기사항 (特記事項)

　　I hereby declare that the statement given above is true and correct. I understand that immigration status and period of stay to be granted are decided by the Japanese immigration authorities upon my arrival. I understand that possession of a visa does not entitle the bearer to enter Japan upon arrival at port of entry if he or she is found inadmissible.
상기의 전술은 사실입니다. 그리고 본인이 입국항에서 입국심사관이 부여하는 재류자격 빛 재류기간에 이의 없이 따르겠습니다.
본인은 사증을 가지고 있어도, 귀국에 도착한 시점에서 입국자격이 있다고 판명되면 귀국에 입국할 수 없다는데 동의합니다.

Date of application______월 (月)____일(日)____년(年)
신 청 일 (申 請 日)　(Month)　(Day)　(Year)

Signature of applicant___________________________________
* These items are not essential to be filled 　신청인서명·여권서명과 동일 (申請人署名·旅券署名と同一)
(·) 항목은 반드시 기재할 필요는 없습니다.

年月日 Date ＿＿＿＿＿＿＿＿＿

履歴書 RESUME

○ 申請者氏名 Name of visa applicant:　　　　性別 Sex:　　　　年齢 Age:

　　　　　　　　　　　　　　　　　　男 M（　）・女 F（　）　＿＿＿＿＿＿＿
姓(Surname)　名(Given and middle name)

生年月日 Date of birth:　　　　　　　出生地 Place of birth: （　　　　　　　）

＿＿＿＿＿＿＿＿＿＿＿＿＿＿＿＿＿　＿＿＿＿＿＿＿＿＿＿＿＿＿＿＿＿＿

○ 学歴(高校以上を記入) Educational Background from High School　　現在の状況 Present Situation:
　　学校名・学部・学科 Name of School, Department, Subject:

　　　　　　　　　　　　　　　　　　　　　　　卒業 Graduated(　)　　休学 Absent(　)
＿＿＿＿＿＿＿＿＿＿＿＿＿＿＿＿＿＿＿＿＿＿　在学中 Registered(　)　退学 Left(　)
　　　　　　　　　　　　　　　　　　　　　　　卒業 Graduated(　)　　休学 Absent(　)
＿＿＿＿＿＿＿＿＿＿＿＿＿＿＿＿＿＿＿＿＿＿　在学中 Registered(　)　退学 Left(　)
　　　　　　　　　　　　　　　　　　　　　　　卒業 Graduated(　)　　休学 Absent(　)
＿＿＿＿＿＿＿＿＿＿＿＿＿＿＿＿＿＿＿＿＿＿　在学中 Registered(　)　退学 Left(　)

○ 職歴 Work Experience:
　　期間(Period)　　　　　　　　　職場名 : Name of Organization

＿＿＿＿＿＿＿＿＿＿　　＿＿＿＿＿＿＿＿＿＿＿＿＿＿＿＿＿＿
＿＿＿＿＿＿＿＿＿＿　　＿＿＿＿＿＿＿＿＿＿＿＿＿＿＿＿＿＿

○ 日本滞在歴 Experience of stay in Japan:
　(該当する場合には、滞在期間、訪日目的、滞在場所 if any, please write the period, purpose, and place of each visit):

＿＿＿＿＿＿＿＿＿＿＿＿＿＿＿＿＿＿＿＿＿＿＿＿＿＿＿＿＿＿＿＿＿＿
＿＿＿＿＿＿＿＿＿＿＿＿＿＿＿＿＿＿＿＿＿＿＿＿＿＿＿＿＿＿＿＿＿＿
＿＿＿＿＿＿＿＿＿＿＿＿＿＿＿＿＿＿＿＿＿＿＿＿＿＿＿＿＿＿＿＿＿＿

○ 過去のワーキング・ホリデー査証申請 Previous application for the Working Holiday visa:
　ある Yes(　)　ない No(　)

　「ある」と答えた場合には、何回か記入してください。 If yes, please indicate how many times:
　　1(　)　2(　)　3(　)　4回以上 more than(　)

　「ある」と答えた場合には、いつですか。(年/月/日) When? (year / month / day)

＿＿＿＿＿＿＿＿＿＿＿＿＿＿　　＿＿＿＿＿＿＿＿＿＿＿＿＿＿
＿＿＿＿＿＿＿＿＿＿＿＿＿＿　　＿＿＿＿＿＿＿＿＿＿＿＿＿＿
＿＿＿＿＿＿＿＿＿＿＿＿＿＿　　＿＿＿＿＿＿＿＿＿＿＿＿＿＿

○ 特技(日本語能力－JLPT、JPTなど) Skills(Japanese ability－JLPT, JPT etc.):

＿＿＿＿＿＿＿＿＿＿＿＿＿＿＿＿＿＿＿＿＿＿＿＿＿＿＿＿＿＿＿＿＿＿
＿＿＿＿＿＿＿＿＿＿＿＿＿＿＿＿＿＿＿＿＿＿＿＿＿＿＿＿＿＿＿＿＿＿

조사표

아래 각 질문에 대해서 해당되는 번호에 「○」를 해주십시오.
("기타"에 해당하는 경우에는 (   )에 구체적인 내용을 써 주십시오.)

질문 1. 별첨 '일한 워킹 홀리데이 제도'를 충분히 이해했습니까?
　답 1　　①예　　　　　　②아니오

질문 2. 별첨 '일한 워킹 홀리데이 제도'의 취지나 취업제한에 대해서 이해하고 동의합니까?
　답 2　　①예　　　　　　②아니오

질문 3. 당신의 주된 방일 목적은 무엇입니까?
　답 3　　①관광　　　　　②다른 문화 체험
　　　　　③취업　　　　　④기타 (　　　　　　　　)

질문 4. 일본에서 취업할 예정이 있습니까?
　답 4　　①예　　　　　　②아니오

질문 5. (질문4.에서①이라고 대답하신 분만) 취업 처는 이미 정해져
　　　　있습니까?
　답 5.　　①예　　　　　②아니요

질문 6. (질문5.에서①이라고 대답하신 분만)구직방법은 다음의 어떤 방법이었습니까?
　답 6.　　①일본 워킹 홀리데이협회의 소개　　②지인의 소개
　　　　　③신문, 잡지, 인터넷(구체적으로_________________)
　　　　　④한국국내의 업자를 통한 알선
　　　　　⑤기타(_________________)

질문 7. (질문5.에서②라고 대답하신 분만)예정하고 있는 구직방법은 다음의 어떤 방법입니까?
　답 7.　　① 일본 워킹 홀리데이협회의 소개　　②지인의 소개
　　　　　③ 신문, 잡지, 인터넷(구체적으로_________________)
　　　　　④ 기타(_________________)

　　　　　　　　　　　　　　　__________ 년　　　월　　　일

　　　　　　　　　　　　　　　본인서명 __________________

2 신청사유서와 활동계획서

워킹홀리데이 비자 신청사유서

저는 어려서부터 일본 분이신 외숙모의 영향으로 일본 문화에 일찌감치 자주 접하면서 일본에 대한 저의 관심은 시작되었습니다. 외숙모께서 가져다 주신 일본 애니메이션이라던가 만화책 같은 걸 보면서 일본에 대한 관심은 점점 커져갔고 그 관심은 결국 고등학교를 졸업하고 저로 하여금 대학교에서 일본어를 전공하도록 만들었습니다. 어려서부터 일본 문화를 통해 갖게 된 일본에 대한 관심은 전공 공부를 통해 더욱 커지게 되었습니다.

그 전에는 그저 만화라던가 음악, 드라마와 같은 문화적인 부분에만 주로 관심을 갖고 지내왔기에 일본의 정치나 역사, 지리적 특징이라던가 하는 부분들에 대해서는 전혀 아는 바가 없었습니다. 일본어 전공 학생으로서 공부를 해 나가다 보니 그러한 부분들에 대해 제가 너무 부족하다는 것을 알게 되었고 수업 외의 시간에도 뉴스나 신문 등을 통해 별도로 개인적인 자료를 수집하는 시간을 가져 왔습니다.

아직까지는 일본에 여행을 한 경험이 없습니다. 하지만 그 동안 쭉 준비해 왔던 자료들과 4년간 공부한 지식을 바탕으로 앞으로 1년 동안 일본이라는 나라에서 보다 더 온몸으로 체험해 보자 하는 생각이 들었습니다. 그리고 이왕 가는 거라면 그저 여행만 하고 관광지만 찾아 다닐 것이 아니라 현지에서 일도 하면서 지금의 일본을 만든 그 기업 문화도 함께 배우고 싶습니다. 여기저기에서 들려오는 일본에 대한 인식, 일본인에 대한 인식을 제가 직접 경험을 통해 무엇이 맞고 무엇이 다른지 체득하여 잘못된 인식은 고쳐 보고자 합니다.

새로운 21세기는 동북아 중심의 세계 질서로 개편될 가능성이 많다고 합니다. 그 중심에 서게 될 한국과 일본, 일본과 한국의 가교 역할을 하고자 합니다.

일본 현지 활동계획서

우선 1월경 일본에 입국하면, 맨 먼저 도쿄로 이동하여 3개월 정도 지내면서 현지 적응도 하면서 이케부쿠로라던가 신주쿠와 같은 젊은이들의 거리를 직접 방문하여 일본 젊은이들과의 정신적인 교류를 느껴 보고 싶습니다.

어느 정도 도쿄의 지리를 익힌 다음에는 요코하마의 차이나타운이나 근처 치바현 등도 돌아보며 도쿄와는 다른 느낌을 받아보고 싶고 일본 드라마의 실제 배경이 되었던 여러 장소들도 직접 둘러보며 실제 살아 있는 문화 체험을 하고 싶습니다.

　4월 중순 경에 예정되어 있는 요코하마의 노게 노상 연예 축제에도 참가하고 산케이엔에도 들러 사진으로만 볼 수 있었던 장관을 직접 느껴보고 싶습니다. 그 이후엔 긴키 지방으로 이동하여 교토와 나라 같은 옛 수도 지역을 돌아보며 역사 속의 일본, 책 속에서 느꼈던 일본의 모습을 실제로 느껴 보고 싶습니다.

　그리고 오사카 쪽으로 이동하여, 오사카 성을 비롯하여 많은 먹거리 문화도 체험하고 한국의 전통과 어떤 차이가 있는지, 한국의 역사적인 건축물들과 비교했을 때 어떤 차이가 있는지를 조사해 보고 싶습니다.

　그리고 7월의 텐진 마쯔리를 체험한 후 바로 도호쿠의 홋카이도로 이동하여 삿뽀로의 불꽃놀이 대회와 음악제 등을 참관한 후 일하면서 도쿄와는 또 어떤 분위기의 차이점이 있는지를 체득하고 싶습니다. 그렇게 겨울까지 홋카이도의 구석구석을 살펴본 다음 12월 말에 일본 체험을 마치고 한국으로 귀국할 생각입니다.

　1년이라는, 짧다면 짧고 길다면 길 수도 있는 시간이지만 제한된 시간 안에 최고의 체험을 하고 올 수 있도록 노력할 생각입니다.

3. 최종합격자를 위한 출국 계획

출국 시기의 선택

출국 시기는 자신의 워킹 이후의 진로에 따라 다르게 선택하는 것이 바람직하다. 상담을 하다 보면, 출국 시기를 잘못 선택하는 바람에 일본 현지에서 고민하는 경우를 가끔 본 적이 있다.

예를 들어, 진학 예정이 있는 사람은 3월말 출국이 가장 유리하다. 왜냐하면 일본의 진학 시기는 매년 4월이기 때문이다. 만약, 7월경에 출국했다가 그 다음 해 4월에 진학을 하게 되면 워킹비자를 7개월밖에 활용하지 못하게 된다. 또, 워킹비자 만료 후에 일본어학교에 등록하여 유학비자로 전환하려고 하면 일본어학교의 개강 시기가 1월, 4월, 7월, 10월이므로 12월 말, 3월 말, 6월 말, 9월 말에 출국하는 것이 유리하다. 만약, 2월 중순에 출국했다가 나중에 유학비자로 전환하려고 하면 1월학기에 맞춰야 하므로 워킹비자를 활용하는 기간은 10개월로 2개월이나 줄어든다. 즉, 워킹비자 이후에 어떤 진로 계획을

갖고 있는 지에 따라 출국 시기를 미리 조절하는 것이 바람직하다.

실제로 워킹홀리데이만 하려고 출국했다가 유학비자로 전환하는 경우가 상당히 많은 편이므로 이러한 점을 염두에 두고 출국 시기를 선택해야 한다.

또한, 대부분의 숙소의 계약 기간이 일본어학교의 개강 시기에 맞춰져 있기 때문에, 출국 시기는 숙소의 계약과도 상관관계가 있다.

숙소의 계약 시기에 맞춰서 출국을 하게 되면 숙소 선택의 폭이 넓어질 뿐만 아니라 일본어학교 등록, 유학비자로의 전환 등 여러 면에서 유리하다.

반대로 일본어학교의 개강 시기와 상관없이 출국 시기를 잡는다면 선호도가 높은 숙소들은 대부분 거의 꽉 차 있는 상태이므로 좋은 숙소를 계약하기가 어려워진다.

따라서 좋은 숙소의 계약과 함께 워킹 이후까지 고려한다면 일본어학교의 개강 시기와 맞물리는 3월 말(봄), 6월 말(여름), 9월 말(가을), 12월 말(겨울)이 가장 좋은 출국 시기라 할 수 있겠다.

> **Ⅰ 워킹비자 취득자의
> 출국 vs 체류기간**
>
> 일본대사관에서 워킹홀리데이 비자 사증을 여권에 발급받은 날로부터 1년 이내에 출국하면 되고, 일본에 도착한 날로부터 1년 이내에 귀국해야 한다. 물론, 일본 현지에서 진학 시에는 유학비자로 전환되고, 취업 시에는 취업비자로 전환이 가능하다.

일본어학교의 등록

일본어학교에 등록하여 일본어를 공부할 거라면 워킹 생활 초기에 등록하는 것이 좋다. 왜냐하면 초기에 일본어 공부를 시작하면 일본 생활에 좀 더 빨리 적응할 수 있고 아르바이트 면접에서 합격할 가능성도 그만큼 커진다.

특히, 일본어를 활용하여 취업하고 싶은 경우에는 일본에 있는 동안 돈 버는 것보다 일본어 마스터 하는 것에 더 큰 비중을 두어야 한다. 그 결과는 나중에 취업 면접 시에 나타난다.

> **| 일본어학교의 등록시기**
>
> 일본어학교의 등록 시기는 보통 개강일로부터 1개월 전에 마감된다. 물론, 인기있는 학교들은 개강일로부터 2~3개월 전에 정원이 차서 마감되는 경우도 종종 있으므로, 미리 미리 상담하고 예약해 두는 것이 바람직하다. 참고로, 일본어학교의 개강 시기는 1월, 4월, 7월, 10월이다. 또, 일본어학교를 방문할 경우에는 미리 전화예약을 하고 약속 시간을 정하고 나서 방문하는 것이 바람직하다.

일본 관련 기업이라면 당연히 일본어 면접을 통과해야 하는데, 일본에 1년동안 살았는데도 일본어 회화가 잘 안된다면 일본 관련 기업에의 취업은 어렵다고 봐야 한다. 즉, 일본어 실력이 상급 수준이 아닌 경우에는 일본어를 마스터하는 것이 매우 중요한 과제라 할 수 있다.

> **| 일본어학교의 선택 vs 워킹학비할인학교**
>
> 워킹비자로 학교에 등록하는 경우에는 워킹비자생에 대해 학비를 할인해 주는 학교를 선택하는 것이 여러모로 경제적이다. 일부 학교들이 워킹비자생에 대해 학비를 대폭 할인해 주는 제도를 실시하고 있으므로, 이러한 학교들을 중심으로 학교를 선택하는 것이 바람직하다. 물론, 학비를 많이 할인해 주는 학교라고 해서 무조건 좋은 것은 아니다. 학비 할인 학교들 중에서 수업에 대한 만족도가 높은 학교를 고르는 것이 가장 좋은 선택이라 할 수 있다.

JCLI 일본어학교

3개월분 | 120,000엔
6개월분 | 230,000엔
위치(전철역) | 동경 타카다노바바역

요한 일본어학교

3개월분 | 120,000엔
6개월분 | 240,000엔
위치(전철역) | 동경 신오쿠보역

아까몽까이 일본어학교

3개월분 | 120,000엔
6개월분 | 240,000엔
위치(전철역) | 동경 닛뽀리역

요코하마 일본어학교

3개월분 | 120,000엔
6개월분 | 240,000엔
위치(전철역) | 요코하마 구묘우지역

타마가와 국제학원

- **3개월분** | 123,600엔
- **6개월분** | 247,200엔
- **위치(전철역)** | 동경 아사쿠사바시역

동경 중앙 일본어학교

- **3개월분** | 132,000엔
- **6개월분** | 264,000엔
- **위치(전철역)** | 동경 요요기역

후쿠오카 국제학원

- **3개월분** | 140,000엔
- **6개월분** | 280,000엔
- **위치(전철역)** | 후쿠오카 하카타역

후타바 외어학원

- **3개월분** | 142,000엔
- **6개월분** | 274,000엔
- **위치(전철역)** | 치바 치바중앙역

다이나믹 일본어학교

- **3개월분** | 154,000엔
- **6개월분** | 293,000엔
- **위치(전철역)** | 동경 닛뽀리역

동경갤럭시 일본어학교

- **3개월분** | 167,000엔
- **6개월분** | 320,000엔
- **위치(전철역)** | 동경 타마찌역

숙소의 선택 및 예약

숙소는 출국 전에 미리 알아보고 예약을 하고 나서 출국하는 것이 바람직하다. 숙소를 예약하지 않고 무작정 출국하게 될 경우 저렴한 임시 숙박처라도 예약해야 한다.

일본의 숙소는 부동산을 통해서 계약할 경우에도 입주심사라는 제도가 있어서 마음에 든다고 해서 곧바로 입주할 수 있는 것이 아니다. 보통 계약 의사 표시 후 1~2주 정도 후에 입주 가능하므로 그 사이에 호텔을 이용했다면 10만엔 이상의 금전적 손실을 볼 수 있다. 따라서 숙소 문제는 미리 미리 대비해 두어야 한다.

숙소는 무조건 저렴한 곳만 찾는 것도 안되고, 무조건 도심만 고집하는 것도 안된다. 잘못 계약해서 나중에 이사를 가게 되면 처음에 납부하는 계약금을 손해보게 되므로 신중하게 알아봐야 한다.

즉, 어느 정도 만족할 수 있을 정도의 룸을 구하는 것이 바람직하다. 가끔 "도심이라면 방은 좁아도 돼요"라고 말하는 학생들을 볼 수 있는데, 이런 유형의 학생들은 십중팔구 3개월 후에 이사를 하게

되고 막대한 계약금을 손해보게 되는 경우가 종종 있다.

바쁘고 고달프고 피로에 지쳐서 퇴근해서 집에 돌아왔을 때 어느 정도 프라이버시가 지켜질 수 있는 보금자리가 있다면 유학생활이 힘들지만은 않을 것이기 때문이다. 숙소의 종류와 유형에 대해서는 제4부를 참조하는 것이 좋다.

일본 핸드폰과 국제전화카드

일본에서 사용할 핸드폰과 국제전화카드는 출국 전에 미리 대비해 두는 것이 바람직하다. 특히 국제전화카드는 일본 현지에서는 선불식 카드를 사용해야 하므로 분실위험이 있고 현금을 써야 하므로 부담을 느끼는 경우가 많다.

국제전화카드는 후불제로 가입해 두는 것이 좋고, 일본 핸드폰은 한국에서 가입하는 방법과 일본 현지에서 가입하는 방법이 있다. 한국에서 가입하는 경우에는 출국 전에 핸드폰 기계를 택배로 받을 수 있고 미리

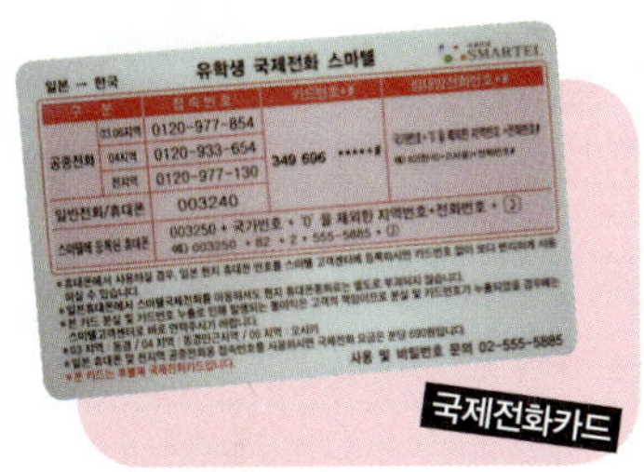

번호를 받을 수 있어 일본 공항 도착 후부터 곧바로 사용할 수 있다.

기본 준비자금의 산정

워킹홀리데이로 출국하는 경우에
기본준비자금을 산정하려면 학교에
등록할 것인 지의 여부에 따라 달
라진다. 즉, 학교에 등록하는 경
우에는 학비가 추가되므로 좀 더
준비자금이 많아지게 된다.

기본준비자금이란 말 그대로 기본자금
만 갖고 가서 아르바이트를 통해서 자립하는 것
을 목표로 하는 형태로서, 생활비는 현실적으로 3개월분을 준비하는
것이 바람직하다. 또한, 숙소비는 첫 3개월분에는 계약금이 포함되어
있으므로 4개월차부터는 월세만 납부하면 되므로 비용이 줄어든다.

그럼, 학교에 등록하는 경우(표1, 표2)와 등록하지 않는 경우(표3)를
분리해서 출국준비자금을 산정해 보기로 하자. 엔화와 원화의 계산의 번거로움을 피하기 위해 왕복항공비 약 50만원(1년open 티켓기준, TAX포함)은 산정표에서는 빼기로 한다.

참고로, 요금의 폭이 차이가 나는 이유는 학교와 숙소에 따라 요금이 다르기 때문이다. 즉,

표1 ┃ 학교에 3개월 등록하는 경우

학비 3개월분	약 12만엔~15만엔
숙소비 3개월분	약 18만엔~25만엔
생활비 3개월분	약 15만엔~20만엔
기본준비자금 합계	약 45만엔~60만엔

표2 ┃ 학교에 6개월 등록하는 경우

학비 6개월분	약 24만엔~30만엔
숙소비 3개월분	약 18만엔~25만엔
생활비 3개월분	약 15만엔~20만엔
기본준비자금 합계	약 57만엔~75만엔

표3 ┃ 학교에 등록하지 않는 경우

숙소비 3개월분	약 18만엔~25만엔
생활비 3개월분	약 15만엔~20만엔
기본준비자금 합계	약 33만엔~45만엔

선택하는 학교와 숙소에 따라 전체 비용이 저렴해 지기도 하고 비싸지기도 한다. 또, 지방의 경우에는 숙소비가 저렴하여 표보다 더 저렴해질 수 있다.

숙소 비용이 매우 저렴한 예

- **후쿠오카국제학원 학교기숙사**
  입실료 2만엔, 보증금 1만엔, 월세 20,000엔
  2인실, 첫 3개월분 합계 90,000엔

- **후타바외어학원 학교맨션**
  입실료 2만엔, 보증금 1만엔, 월세 25,000엔
  2인실, 첫 3개월분 합계 105,000엔

- **오찌아이맨션**
  보증금 2만엔, 월세 45,000엔
  2인실, 첫 3개월분 합계 155,000엔

4. 워킹비자에서 유학비자로의 전환

유학비자의 제출마감 일정은 개강 학기로부터 보통 6개월 전까지 이므로 자신의 워킹홀리데이 비자가 6~7개월 남아있는 상황에서 미리 유학비자를 신청해야 귀국하지 않고 워킹비자에서 유학비자로 전환이 가능하다.

만약 이 시기를 놓칠 경우에는 한국에 귀국했다가 몇 개월 후에 다시 유학비자로 출국해야 하므로 비용이나 절차 면에서 번거로워진다.

또한, 유학비자 구비서류는 한국에서 발급되는 내용들로 가족이나 친지의 도움을 받아서 서류를 발급받아야 하므로 미리 한국측에 도움을 요청해 두어야 한다.

워킹비자에서 유학비자로의
전환에 대한 문의처

(주)자넷코리아
02-722-1565

┃ 일본 출입국 심사카드 앞면

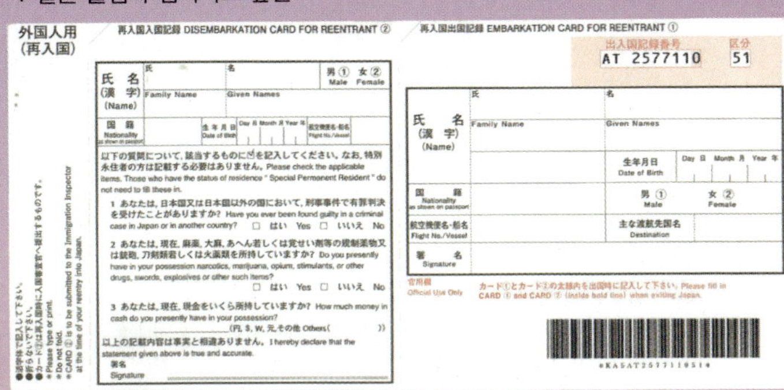

┃ 일본 출입국 심사카드 뒷면

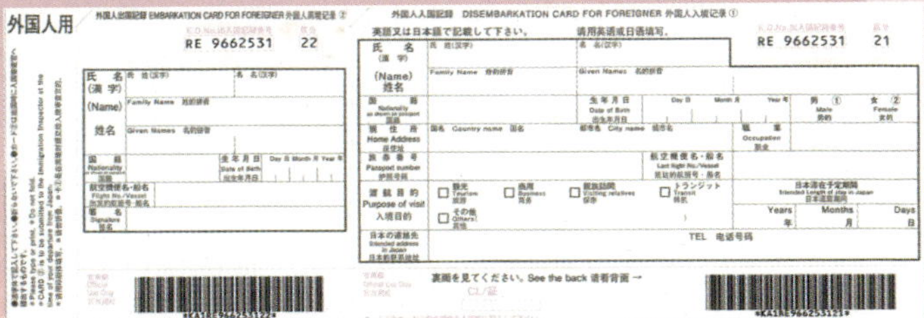

재프하우스

재프하우스는 일본생활을 시작하는 많은 유학생 여러분에 게 편안한 유학생활을 위해 가장기본이 되는 생활주거 공 간의 가장 큰 만족을 드리기 위해 깨끗하고, 산뜻한 밝은 분위기의 주거환경을 제공하고 있으며 일반적인 원룸형을 넘어선 한 차원 높은 분리형 1K, 1DK 구조를 통해 한 단 계 높은 차원의 안락한 주거환경을 제공하고 있습니다.

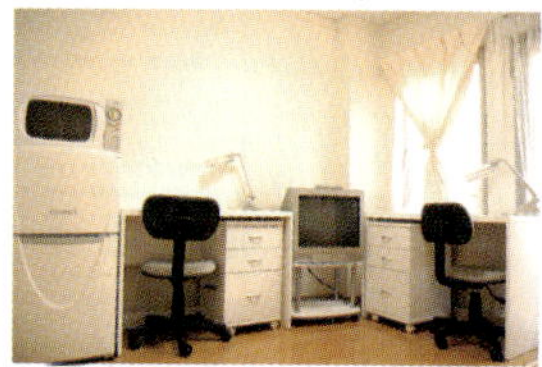

신개념 멀티플랜

1. 한일교류회 일본인 친구만나기 (볼란티어를 통해 일본인 친구 만들기)

2. 진학상담 서비스 (전문학교 진학에 필요한 어드바이스)

3. 일본생활서비스 (현지의 정확한 생활가이드를 통해 남보다 빠 른 현지적응하기)

4. 엑티비티 서비스 (단체여행및 스포츠활동서비스를 통해 다양 한 일본생활체험하기)

5. 정착서비스 (현지부동산연계를 통한 내집 구하기 서비스를 통 해 안심하고 쉽게 자기집마련하기)

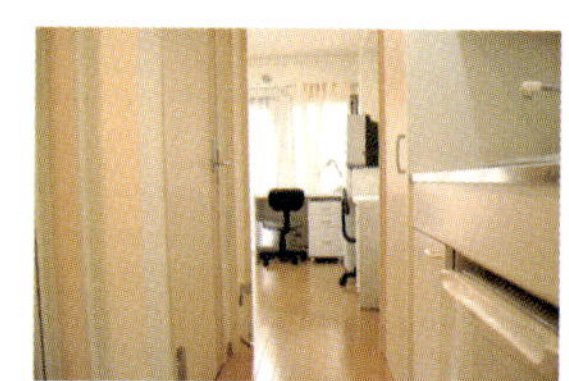

기숙사 위치

위치 : 기타신주쿠, 니시신주쿠, 신오쿠보, 다카다노바바, 히가시나카노, 아사쿠사 등
형태 : 원룸, 맨션 등 유학생 전용기숙사

www.jaffhouse.com　jaff@jaffhouse.com
동경도 신주쿠구 기타신주쿠 1-16-27
Tel. +81-3-3227-3858　Mobile. +81-80-3271-0052

온리원서포트

-우리집같이 편한 게스트하우스

マイコハウス in 中井

マイコハウス in 音羽

マイコハウス in 神楽坂

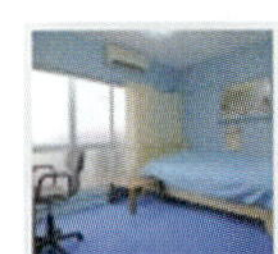

アリーキャット ハウス

フラットシェア早稲田(女性専

AKAMON HOUSE in

リバービュウハウス

マイコハウス in 目白

マイコハウス in サンビューハイ

マイコハウス in 早稲田

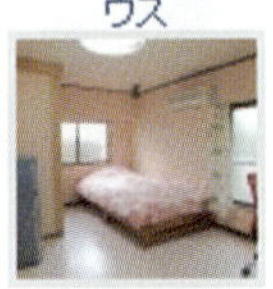

マイコハウス in 護国寺

フラットシェア高田馬場

麻布台ハウス

マイコハウス in 音羽 メゾネット

문의

02-722-1565 (서울)

090-1219-8349 (동경)

www.onlyonesupport.net

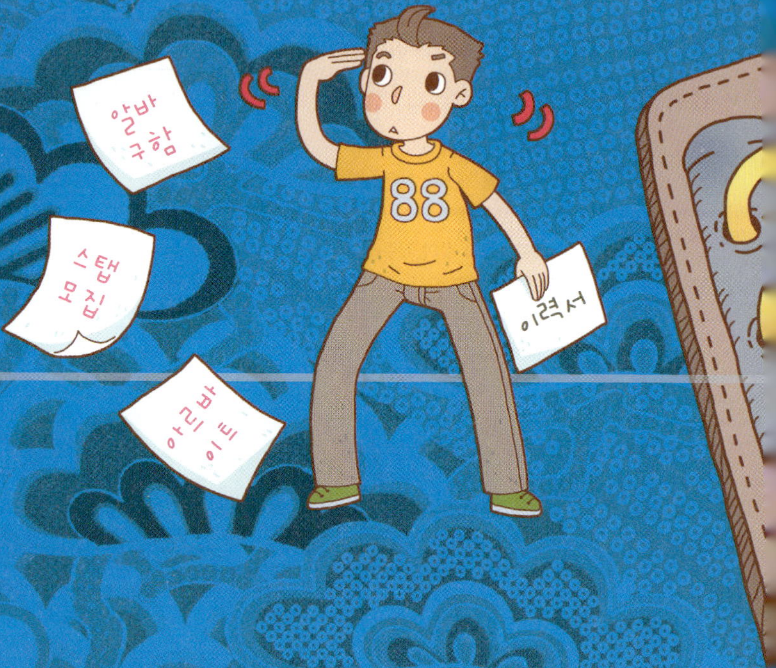

1_아르바이트의 종류

2_아르바이트 구하는 요령

3_아르바이트 수입 분석

4_동경지역 아르바이트 대공개

2부

일본현지
아르바이트

1_ 아르바이트의 종류

일본의 아르바이트의 종류는 야끼니
꾸, 소바집, 라면집, 회전스시집, 패밀
리레스토랑, 카페, 편의점, 패스트푸
드점, 100엔숍, 의류매장 등 주로 서
비스 업종이 많다.

편집, 한국어 강의 등 고급 아르바이
트를 하는 경우도 드물지만 가끔 있
다.

2 아르바이트 구하는 요령

아르바이트를 구할 때는 대부분 유학 선배 또는 일본 현지에서 만난 유학 친구들의 소개를 통해서 구하는 경우가 많고, 가게 앞에 아르바이트 구인 공고를 보고 직접 들어가서 면접을 요청하여 스스로 구하는 경우도 있다.

아르바이트를 하려면 기본적으로 일본어 회화가 가능해야 하므로 미리 일본어 학습을 해 두는 것이 훨씬 유리하다.

보통 능력시험 N2 또는 N3 정도의 실력이면 2~3개월 이내에 구하고 있는 실정이다.

3 아르바이트 수입 분석

아르바이트 수입은 몇 시간 일하느냐에 따라 달라진다. 일본 현지의 평균 임금은 시간당 대략 1,000엔 내외이다. 보통 1주일에 5~6일 일하고 1일 평균 4~8시간 정도 일하고 있다.

TIP

아르바이트 월수입 · 월지출 · 월저축
– 주6일/시간당 1,000엔 기준

일하는 시간	월수입	방값+생활비	월저축액
1일 4시간	100,000엔	100,000엔	0엔
1일 6시간	150,000엔	100,000엔	50,000엔
1일 8시간	200,000엔	100,000엔	100,000엔

4 동경지역 아르바이트 대공개

타카다노바바 지역

Chao一番 | 음식점

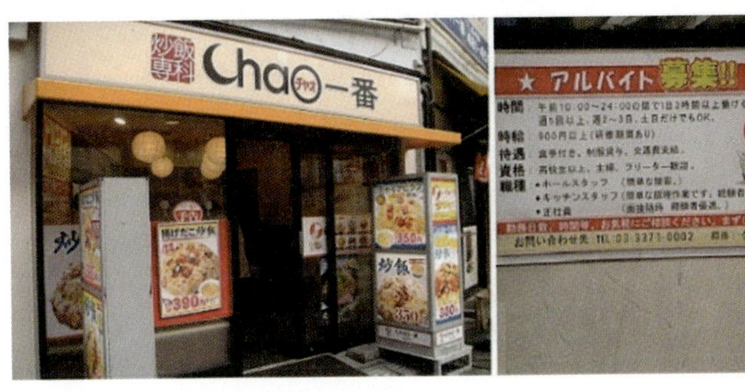

위치 타카다노바바역 와세다출구 도보10분

시간 10:00~24:00 **시급** 900엔~

전화 03-3371-0002

• DOUTOR | 커피숍

위치 타카다노바바역 와세다출구 도보2분

시간 06:00~23:30   **시급** 900엔~

전화 03-3227-7873

• Shakey's | 피자전문점

위치 타카다노바바역 도보3분

시간 10:00~23:30   **시급** 900엔~

전화 03-3200-7061

● 黄金の蔵 | 이자카야

위치 타카다노바바역 와세다출구 도보3분

시간 12:00~22:00   **시급** 850엔~1,187엔

전화 03–5287–3530

● La Pausa | 스파게티 전문점

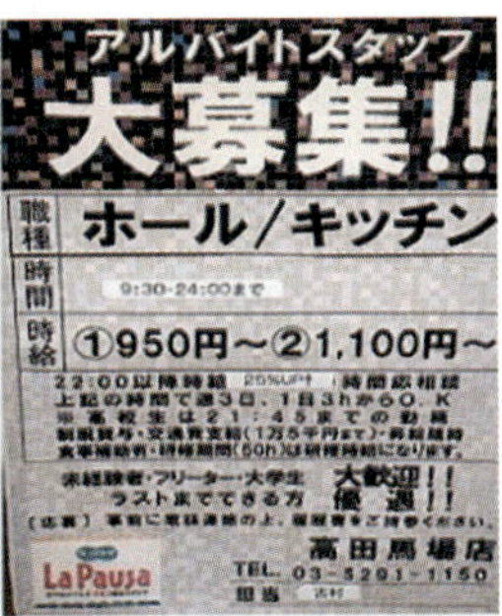

위치 타카다노바바역 와세다출구 도보5분

시간 09:00~24:00   **시급** 950엔~1,100엔

전화 03–5291–1150

● 롯데리아 | 패스트푸드

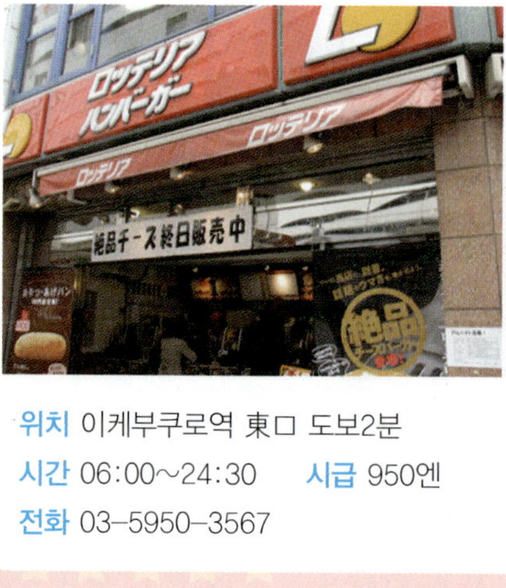

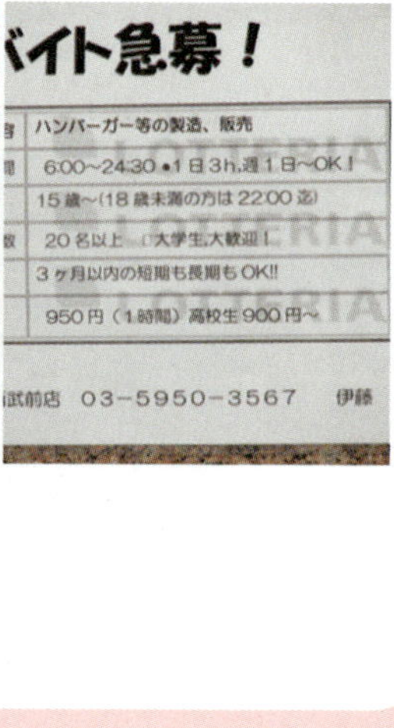

위치 이케부쿠로역 東口 도보2분

시간 06:00~24:30　　**시급** 950엔

전화 03-5950-3567

무테키야 | 라멘

위치 이케부쿠로역 東口 도보4분

시간 10:00～05:00　　**시급** 1,200엔

전화 03-3982-7656

마츠야 | 덮밥집

위치 이케부쿠로역 東口 도보2분

시간 오후, 저녁, 심야　　**시급** 1,000엔～1,300엔

전화 0422-38-1203

● 100엔숍 | 잡화점

위치 이케부쿠로역 東口 도보3분

시간 08:00~21:00   **시급** 950엔

전화 03-5944-3767

● Wendy's | 패스트푸드

위치 이케부쿠로역 東口 도보5분

시간 06:30~23:00   **시급** 1,000엔

전화 0120-514-314

● Denny's │ 레스토랑

위치 이케부쿠로역 東口 도보5분

시급 1,000엔～

전화 03-5950-9351

● KFC │ 패스트푸드

위치 이케부쿠로역 西口 도보2분

시간 06:00～24:00　　**시급** 1,000엔

전화 03-5956-8488

• C&C | 카레

위치 이케부쿠로역 西口 도보2분
시간 09:00~05:30 **시급** 950엔
전화 03-5958-2855

• Spice | 카레

위치 이케부쿠로역 西口 도보1분
시간 08:00~23:30 **시급** 1,000엔
전화 03-3987-7575

● KANTEKI | 야키니꾸

위치 니시닛뽀리역 도보1분

시간 17:00~25:00   시급 1,000엔

전화 03-3801-3439

• 야나기야 | 이자카야

위치 니시닛뽀리역 도보2분
시간 18:00~23:00   **시급** 1,000엔
전화 03-5811-8718

• 샤모키치 | 계절요리

위치 니시닛뽀리역 도보3분
시간 18:00~23:00   **시급** 1,000엔~1,200엔
전화 03-3807-8733

● 잇토쿠 | 라멘

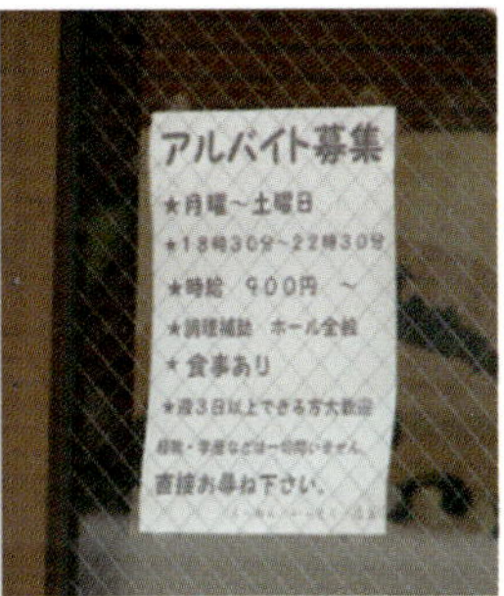

위치 니시닛뽀리역 도보5분

시간 18:00〜22:30　　**시급** 900엔〜

전화 직접방문

● HAKKENOEN | 야키토리

위치 니시닛뽀리역 도보4분

시간 17:00〜05:00　　**시급** 900엔〜1,000엔

전화 03-5814-3981

Gyu-Kaku | 야키니꾸

위치 니시닛뽀리역 도보3분

시간 17:00～25:00　　**시급** 1,000엔

전화 03-5604-2929

駅弁当 | 도시락

위치 우에노역 도보1분

시간 05:30~22:00   **시급** 900엔

전화 03-3842-6092

● サンディーヌ | 레스토랑

위치 우에노역 도보1분

시간 05:30〜23:00　　**시급** 1,000엔〜1,250엔

전화 03-3843-2008

● TIME | 카레

위치 우에노역 도보1분

시간 06:30〜22:30　　**시급** 1,100엔

전화 0120-472-001

● BRAVO | 파스타&카페

위치 우에노역 도보1분

시간 06:00〜22:00　　**시급** 1,000엔〜1,100엔

전화 03-5246-6835

● 회전스시 | 스시

위치 우에노역 도보1분

시간 06:00〜23:00　　**시급** 1,150엔〜1312엔

전화 03-5246-6826

● 라폿포 | 베이커리

위치 우에노역 도보1분

시간 08:30〜22:30　　**시급** 950엔

전화 03-5830-2302

● 챠부젠 | 정식

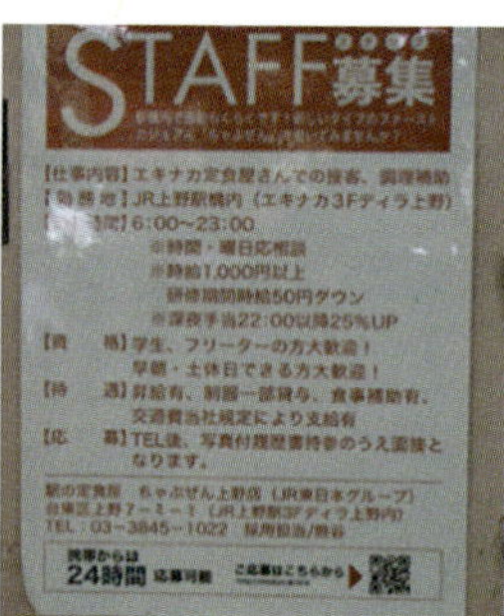

위치 우에노역 도보1분

시간 06:00〜23:00　　**시급** 1,000엔

전화 03-3845-1022

● 아지사이챠야 | 소바, 우동

위치 우에노역 도보1분

시간 06:00〜23:00   **시급** 1,000엔

전화 03-3844-2946

● 라멘 | 라면집

위치 우에노역 도보1분

시간 06:00〜23:15   **시급** 1,000〜1,250엔

전화 03-5828-2748

텐야 | 텐동

위치 우에노역 도보4분

시간 10:00~23:00   **시급** 1,000엔

전화 03-5807-8422

● TIME | 카레

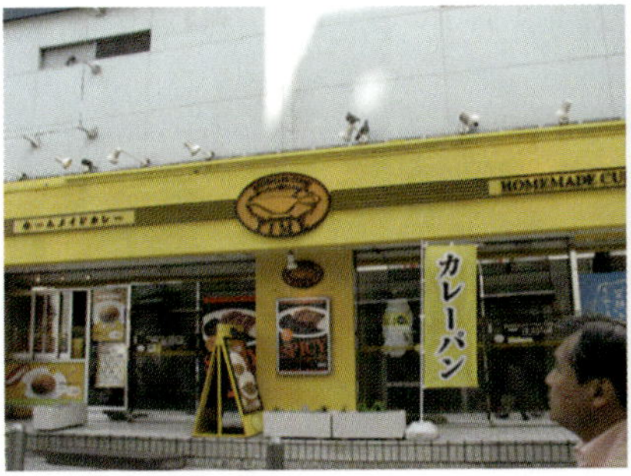

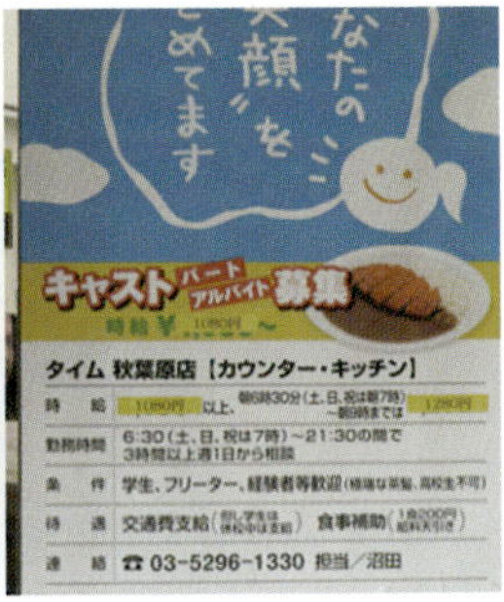

위치 아키하바라역 도보1분

시간 06 : 30～21 : 30　　**시급** 1,080엔

전화 03-5296-1330

라무타라 | DVD, 비디오, 책 판매점

위치 아키하바라역 도보3분

시간 09:30~23:30　　**시급** 900엔~

전화 03-5209-4088

The Crepe Deli | 크레페

위치 아키하바라역 도보3분

시간 10:00~21:00　　**시급** 900엔~1,000엔

전화 03-3252-5788

• ampm | 편의점

위치 아키하바라역 도보4분

시간 08:00～12:50   **시급** 920엔～1,100엔

전화 03-5298-3798

• 중화소바390엔 | 소바

위치 아키하바라역 도보4분

시간 10:00～22:00   **시급** 1,000엔～1,250엔

전화 03-3251-6767

- ## 로켓토소코토 | 중고판매점

위치 아키하바라역 도보4분

시간 10:45~21:15　　**시급** 1,000엔~

전화 03-5297-5971

- ## 요시노야 | 덮밥

위치 아키하바라역 도보2분

시간 24시간　　**시급** 1,000엔~1,250엔

전화 03-5297-7576

● 긴조 | 스시

위치 아키하바라역 도보2분

시간 10:00~23:30　　**시급** 1,100엔~

전화 03-5298-5162

● 버거킹 | 패스트푸드

위치 아키하바라역 도보2분

시간 06:00~24:00　　**시급** 950엔~1,000엔

전화 03-3256-3655

● 타라코야 | 스파게티

위치 아키하바라역 도보2분

시간 09:00~23:00   **시급** 1,000엔~

전화 03-5295-1522

● 辛楽苑 | 일식

위치 아키하바라역 도보2분

시간 24시간   **시급** 1,000엔

전화 03-5825-9688

코코이치방야 | 카레

위치 아키하바라역 도보3분

시간 24시간　　**시급** 1,000엔

전화 03-3851-0006

● 미스터도넛 | 도넛

위치 카메이도역 도보1분

시간 05:00～08:00 / 08:00～22:00 / 22:00～24:00

시급 950엔～1,187엔　　전화 03-5609-5230

● 모리이치 | 회전스시

위치 카메이도역 도보2분

시간 10:00～17:00 / 17:00～22:00

시급 1,000엔～1,050엔　　전화 03-3682-0441

● 마츠야 | 덮밥집

위치 카메이도역 도보3분

시간 24시간　　**시급** 960엔～1,200엔

전화 0422-38-1203

● 라멘무츠미야 | 라멘

위치 카메이도역 도보4분

시간 10:00〜25:00　　**시급** 1,000엔〜1,250엔

전화 03-5628-2922

● 챠부젠 | 소바

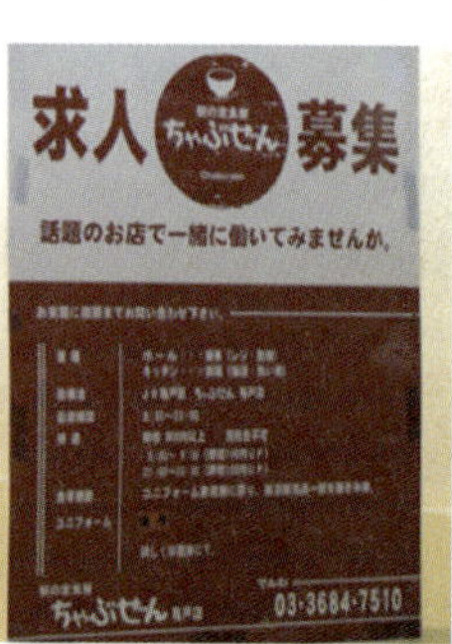

위치 카메이도역 북쪽출구 안

시간 06:30〜23:00　　**시급** 900엔

전화 03-3684-7510

Excelsior caffe | 카페

위치 카메이도역 도보2분

시간 06:30〜23:00　　**시급** 900엔〜

전화 03-5836-3800

카마도카 | 이자카야

위치 카메이도역 도보3분 산에빌딩5층

시간 15:00〜05:00　　**시급** 950엔〜

전화 03-5858-4694

이코이 | 이자카야

위치 카메이도역 도보5분

시간 17:00~23:30　　**시급** 1,000엔

전화 03-3636-5507

규카쿠 | 야키니쿠

위치 카메이도역 도보3분

시간 10:00~22:00　　**시급** 900엔~

전화 03-5628-2929

천하스시 | 스시집

위치 신오쿠보 역 도보 2분

시간 11:00~17:00 / 17:00~23:30

시급 950엔~1,000엔   **전화** 03-3366-9666

• 죠나상 | 패밀리 레스토랑

위치 신오쿠보역 도보 3분

시간 아침, 런치, 심야　　**시급** 950엔~

전화 03-5332-3815

• Cafe Miyama | 카페

위치 신오쿠보역 도보 4분

시간 07:30~23:00　　**시급** 900엔~

전화 03-5337-3849

• 세븐일레븐 | 편의점

위치 신오쿠보역 도보 4분

시간 17:00〜22:00 / 22:00〜8:00

시급 920엔〜1,150엔　　**전화** 03-5386-3071

• 야요이켄 | 레스토랑

위치 신오쿠보역 도보2분

시간 08:00〜17:00 / 23:00〜08:00

시급 1,050〜1,313엔　　**전화** 03-5338-3062

• CASA | 레스토랑

위치 신오쿠보역 도보2분

시간 18:00〜23:30　　**시급** 900엔〜

전화 03-5332-7280

• 도쿄후게츠도 | 카페

위치 신오쿠보역 도보2분

시간 09:30〜20:00　　**시급** 950엔〜

전화 03-5330-3900

위치 신오쿠보역 도보1분

시간 09:00～16:00 / 16:00～23:00

시급 1,000엔   **전화** 03-3371-2133

● **KOREA게이노우킨히로바** | 판매점

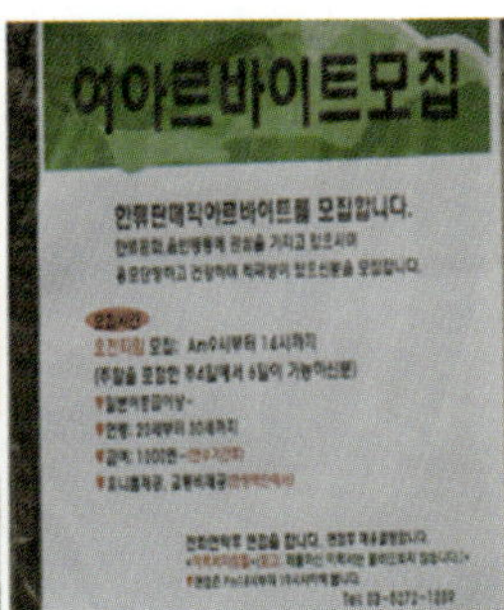

위치 신오쿠보역 도보1분

시간 09:00～14:00   **시급** 1,000엔～

전화 03-5272-1259

● 패밀리마트 | 편의점

위치 신오쿠보역 도보2분

시간 24시간   **시급** 950엔~1,200엔

전화 03-5291-9081

● 명동김밥 | 한국음식점

위치 신오쿠보역 도보3분

시간 12:00~18:00

전화 03-3232-7887

● 도쿄후게츠도 | 카페

위치 신오쿠보역 도보2분

시급 900엔~

전화 03-3209-6081

● 와타미 | 이자카야

위치 신오쿠보역 도보4분

시간 16:00~05:00　　**시급** 1,000엔~1,250엔

전화 03-5737-9445

도토루 | 커피전문점

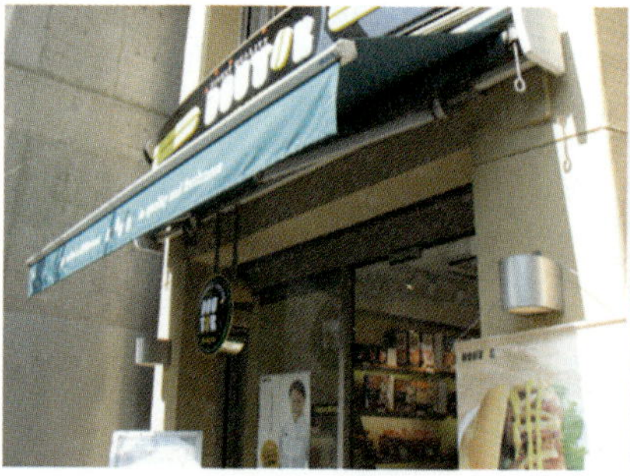

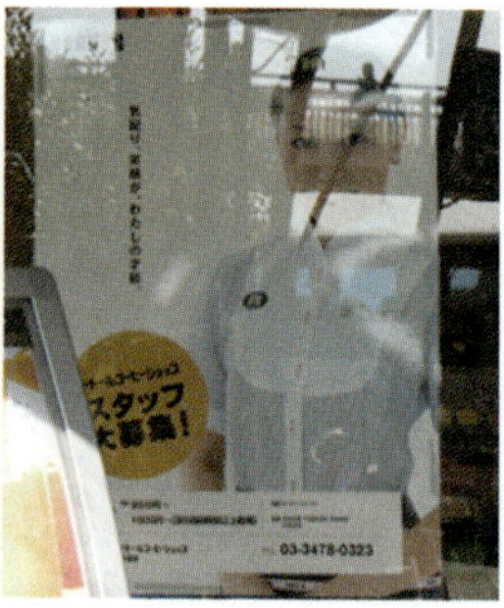

위치 하라주쿠역 도보 2분

시간 06:00~23:30　　**시급** 950엔~

전화 03-3478-0323

• ITALIAN TOMATO | 레스토랑

위치 하라주쿠역 도보2분

시급 1,000엔~

전화 03-3402-8741

• 南国酒家 | 일본요리

위치 하라주쿠역 도보4분

시간 10：00~23：00 　　**시급** 1,050엔~1,300엔

전화 03-3400-0031

• 롯데리아 | 패스트푸드

위치 하라주쿠역 도보5분
시급 1,000엔
전화 03-3409-5902

• Shakey's | 피자,스파게티 뷔페

위치 하라주쿠역 도보7분
시간 09:30〜23:30　　**시급** 980엔
전화 03-3409-2405

● 헤이로쿠스시 | 회전스시

위치 하라주쿠역 도보7분

시간 10:00〜21:00　　**시급** 950엔

전화 03-3498-3968

● WolfGANG PUCK | 카페

위치 하라주쿠역 도보2분

시간 10:00〜11:00　　**시급** 950엔〜

전화 03-5786-4690

● 롯데리아 | 패스트푸드

위치 하라주쿠역 도보2분

시간 06:30～10:30　　**시급** 1,000엔

전화 03-3470-5418

● Noa CAFE | 카페

위치 하라주쿠역 도보 2분

시간 08:00～16:00 / 16:00～23:30

시급 1,000엔　　**전화** 03-3401-7655

• HARADA's | 의류매장

위치 하라주쿠역 도보3분
전화 03-3405-0666

• 다이소 | 잡화점

위치 하라주쿠역 도보3분
시간 09:00~22:00   **시급** 1,000엔~1,050엔
전화 047-495-3704

● 쥬얼리박스 | 쥬얼리가게

위치 하라주쿠역 도보4분

시급 980엔

전화 03-5771-2275

● 돈가츠 | 정식

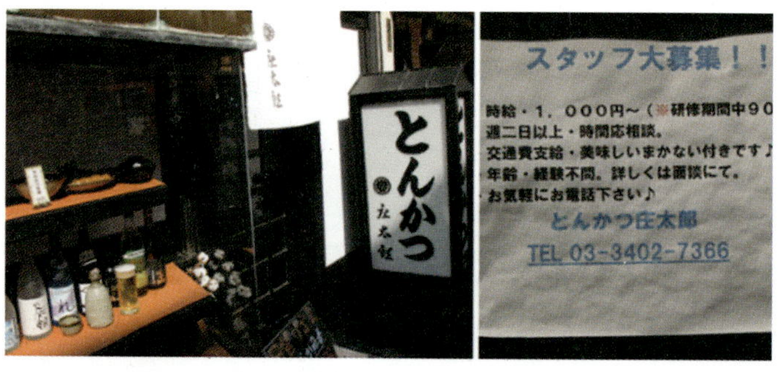

위치 하라주쿠역 도보4분

시급 1,000엔～

전화 03-3402-7366

Out of the world | 신발가게

위치 하라주쿠역 도보5분

전화 03-3876-6870

하나마루우동 | 우동집

위치 하라주쿠역 도보5분

시간 07:00~22:00   **시급** 1,000엔~1,100엔

전화 03-34023-0870

● 사시미야 | 일본요리

위치 킨시쵸역 LIVIN빌딩 도보5분

시간 05:00〜

전화 03-3846-3438

● 마츠야 | 덮밥집

위치 킨시쵸역 도보5분

시급 1,000엔~1,350엔

전화 0422-38-1203

● 맥도날드 | 패스트푸드

위치 킨시쵸역 도보5분

시급 900엔~1,125엔

전화 0120-52-3140

• VIEDE FRANCE | 베이커리

위치 킨시쵸역 도보1분

시간 06:00~23:00   **시급** 950엔~

전화 03-3846-6058

• 三十里 | 고기집

위치 킨시쵸역 도보2분

시간 07:00~11:00 / 07:00~4:00

전화 03-3637-6162

● 가스토 | 카페&레스토랑

위치 킨시쵸역 도보4분

시간 8:00~22:00 / 22:00~05:00

시급 950엔~1,188엔　　**전화** 03-5669-7530

● HOKUO | 베이커리

위치 킨시쵸역 터미널2 도보1분

시간 06:30~23:30　　**시급** 980엔~

전화 03-3621-0909

● 텐야 | 덮밥집

위치 킨시쵸역 터미널2 도보1분
시간 06:00〜23:00　　**시급** 950엔〜
전화 03-3626-7018

● 이탈리안토마토카페쥬니아 | 카페

위치 킨시쵸역 터미널2 도보1분
시간 07:00〜23:00　　**시급** 950엔
전화 03-3829-4003

쯔바메구리루 | 카페&레스토랑

위치 킨시쵸역 터미널 도보1분

시급 870엔~1200엔

전화 03-5619-7023

롯데리아 | 패스트푸드

위치 킨시쵸역 터미널2 도보1분

시간 06:00~23:30　　**시급** 950엔

전화 03-3621-4439

• SPIGA | 파스타

위치 킨시쵸역 터미널2 도보1분

시간 10:00~22:00 　 **시급** 920엔

전화 03-3624-0585

• 모리 | 회전스시

위치 킨시쵸역 터미널2 도보1분

시급 950엔~1,000엔

전화 03-5819-8221

● TOHGEN SHUKA | 일본요리

위치 킨시쵸역 터미널2 도보1분

시간 10:00～　　**시급** 950엔

전화 03-5819-1772

● 도토루 | 커피전문점

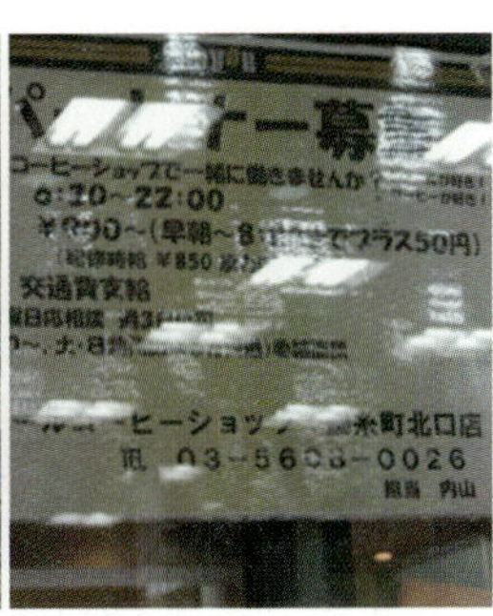

위치 킨시쵸역 ARCAEAST 빌딩 도보3분

시간 06:30～22:00　　**시급** 900엔～

전화 03-5908-0026

● SUNKUS 편의점

위치 킨시쵸역 ARCAEAST 빌딩 도보1분

시간 08:00～17:00 / 22:00～08:00

시급 900엔～1,100엔 　**전화** 03-5819-2141

● 소자이야(SOZAIYA) 이자카야

위치 킨시쵸역 ARCAEAST 빌딩 도보1분

시간 11:30～14:00 / 17:00～23:00

전화 03-3623-8150

● 소지 | 일본요리

위치 킨시쵸역 ARCAEAST 빌딩 도보3분

시간 09:00～15:00 / 17:00～23:00

시급 900엔　　**전화** 03-5608-3222

● 부타도우라쿠 | 고기집

위치 킨시쵸역 ARCAEAST빌딩 도보3분

시간 09:00～23:00　　**시급** 1,000엔～

전화 03-3621-0028

Cafe De CLEA | 카페

위치 킨시쵸역 터미널1 도보2분

시간 06:30~09:00 / 09:00~22:30

시급 920엔~1,000엔 **전화** 03-3621-3325

롯데리아 | 패스트푸드

위치 킨시쵸역 도보3분

시간 06:00~22:00 **시급** 900엔

전화 03-3625-8655

• VIDEO CBA CD | 렌탈점

위치 고이와역 南口 도보4분

시간 19:00〜03:00 / 22:00〜09:00

시급 850엔〜1,000엔   **전화** 03-5694-4821

• 세븐일레븐 | 편의점

위치 고이와역 南口 도보3분

시간 24시간　　**시급** 830엔〜1,100엔

전화 03-3672-0339

• ampm | 편의점

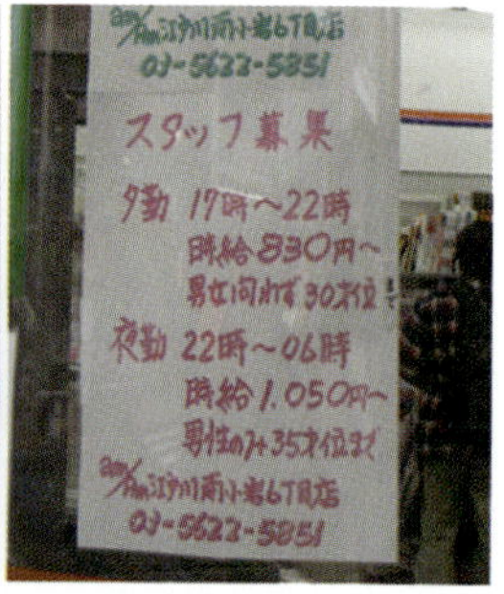

위치 고이와역 南口 도보5분

시간 17:00〜22:00 / 22:00〜06:00

시급 830엔〜1,050엔　　**전화** 03-5622-5851

● TSUTAYA | DVD,CD렌탈

위치 고이와역 南口 도보6분

시간 09:00～18:00 / 18:00～02:00

시급 800엔～1,000엔   **전화** 03-3671-7815

● 若菜 | 도시락전문점

위치 고이와역 南口 도보6분

시간 17:00～01:00   **시급** 900엔～1,125엔

전화 0120-56-1362

• KFC | 패스트푸드

위치 고이와역 南口 도보5분

시급 900엔

전화 03-5693-7281

• Saizeriya | 패밀리레스토랑

위치 고이와역 北口 도보2분

시급 950엔

전화 03-3673-7771

● 페파런치 | 스테이크집

위치 고이와역 北口 도보5분

시간 10:00〜03:00　　**시급** 900엔〜1,125엔

전화 03-5668-9201

● 吉野家(요시노야) | 패스트푸드

위치 고이와역 北口 도보5분

시간 24시간　　**시급** 900엔〜1,310엔

전화 03-5693-7653

● 마츠모토키요시 | 약품 및 잡화점

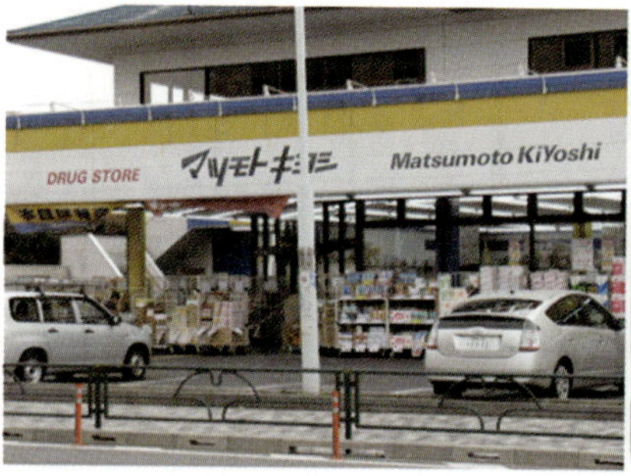

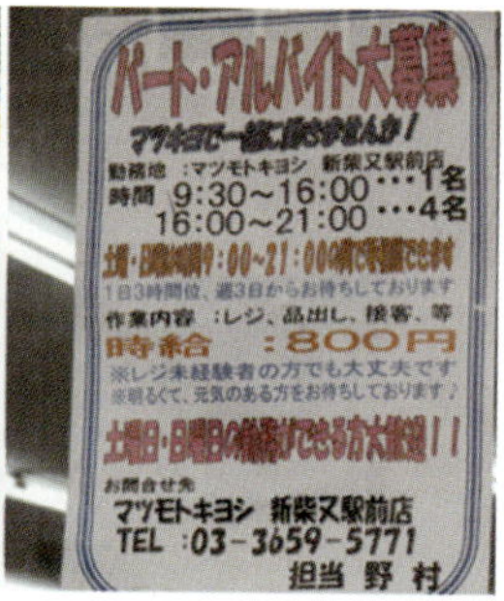

위치 신시바마타역 도보2분

시간 09:30～16:00 / 16:00～21:00

시급 800엔　　**전화** 03-3659-5771

죠나상 | 패밀리레스토랑

위치 신시바마타역 도보3분

시간 24시간　　**시급** 850엔~

전화 03-5693-7043

파파스 | 약품 및 잡화점

위치 신시바마타역 도보3분

시간 10:00~21:00　　**시급** 850엔

전화 03-3650-9393

노가타원룸 –오피스텔형 고급 원룸

위 치	타카다노바바(高田馬場)역에서 전철로 5정거장(10분), 노가타역 하차 도보3분
주 소	東京都 中野區(나카노구) 野方(노가타) 4-20-13
건 축	2006년 건축된 오피스텔형 고급 원룸, 일반기숙사의 두 배 면적
설 비	TV, 냉장고, 냉난방, 욕실, 부엌, 책걸상, 침대, 세탁기, 무선인터넷, 전기밥솥, 전자렌지

오치아이맨션 –도심형 고급맨션

위 치	타카다노바바(高田馬場)역에서 도보15분
주 소	東京都 中野區(나카노구) 東中野(히가시나카노) 5-23-10
설 비	TV, 냉장고, 냉난방, 욕실, 부엌, 책걸상, 침대, 세탁기, 인터넷, 전기밥솥, 전자렌지

문의 | 02-722-1565 janethome@hanmail.net ㈜자넷코리아

유학생기숙사 닛칸하우스

일본 도심에 위치한 원룸, 맨션 등 유학생 전용기숙사!!
유학생들의 꿈과 목표를 이룰 수 있는 깨끗한 주거환경과 안전을 먼저 생각
하는 기숙사를 저희의 가장 큰 자산으로 생각하며 운영해 나가고 있습니다.

기숙사 위치 이케부쿠로, 히가시쥬죠, 히가시나카노, 나카노, 이타바시,
누마부쿠로, 기타신주쿠

구분	3개월 계약자	6개월 계약자	12개월 계약자
지원 1	매달 라면 1box	매달 라면 1box	매달 라면 1box
지원 2	인터넷 무료	인터넷 무료	인터넷 무료
지원 3	현금 1만엔	현금 2만엔	현금 4만엔
토탈지원금액	2만엔 상당	3만 5천엔 상당	7만엔 상당

※ 기숙사비 납부는 입실때만 3개월 납부이며 3개월 이후는 월납도 가능합니다

www.nikanhouse.com
164-0001 東京都 中野區 中野5-55-6
㈜日環house
Tel. 03)5343-7801 /Fax. 03)5343-7802

3부

일본의
숙소

1. 숙소의 종류와 선택

숙소의 종류

숙소의 종류로는 크게 보면 원룸, 맨션, 학생회관으로 구분된다. 방 한 개에 욕실, 화장실, 부엌이 딸려 있는 룸이 원룸이다. 또, 우리나라의 아파트와 같이 방이 2개에서 4개 정도에 욕실, 화장실, 부엌을 공동으로 이용하는 형태를 맨션이라고 부른다.

이 때, 공동으로 이용하는 거실의 면적은 한국의 아파트에 비해 훨씬 좁다. 마지막으로 방이 5개 이상 되고 욕실, 화장실, 부엌을 함께 사용하는 형태를 학생회관이라고 통칭한다.

숙소의 선택

숙소를 선택하는 기준으로는 통학거리, 면적, 건축년도, 요금 등을 꼼꼼히 따져보고 결정하는 것이 바람직하다. 만약 학교에 등록한다면 그 학교와의 교통편을 고려하여 숙소를 정하는 것이 좋다. 다만, 무조건 교통이 편리한 곳만 고집할 것이 아니라, 숙소의 내용을 보고 심사숙고하여 결정해야 나중에 손해를 보지 않는다. 왜냐하면 처음에 숙소를 잘못 선택해서 이사를 하게 되면 막대한 비용 손실이 발생하기 때문이다.

필자는 일본 현지의 수많은 유학
생들과 인터뷰를 하면서 숙소를
잘못 선택하는 바람에 손해를 본
학생들을 종종 만난 적이 있다.
일본은 한국과 다르게 숙소를 계
약할 때 월세 외에 계약금으로서
별도의 돈(레이킹, 시키킹 등)을
내게 되는데, 이 계약금은 퇴실

시 돌려받지 못하기 때문에 한번 입주하면 이사하지 않고 오래사는 것
이 경제적이다. 그런데, 학교와 가깝다는 이유로 오래되고 좁고 비싼
집을 덜컥 계약해 놓고 나서 나중에 살다 보니 건물이 오래되어 벌레
가 나오는 등 주거환경이 나빠서 참다 못해 이사를 하게 되면 처음에
납부했던 계약금을 돌려받지 못할 뿐만 아니라 이사를 가는 곳에 다시
계약금을 내야 하므로 큰 손해가 발생하게 된다.

그런 사람들이 의외로 많다. 단순히 교통편만 생각하다가 결국 사는
동안에 만족하지도 못하고 도중에 이사를 하게 되고, 또 이사를 하면
서 막대한 계약금을 손해보게 되는 이중고를 겪게 되는 경우가 발생하
게 되는 것이다.

숙소를 선택할 때는 교통편
뿐만 아니라 건축년도, 룸
의 면적, 주변환경 등 여러
가지 요소를 복합적으로 고
려하여 선택하는 것이 바람
직하다. 전철로 10분~20분
을 더 가더라도 주거환경이

좋은 숙소를 선택하는 것이 올
바른 숙소 선택의 방법이라 하
겠다. 물론 전철을 타면 교통
비가 추가되고 통학 시간도 길
어지기 때문에 바람직하지 않
은 면도 있지만, 전철비는 대
부분 아르바이트 가게에서 준
다.

따라서 통학시간 10~20분에
적응하고 나면 그다지 긴 시간
은 아니므로, 주거환경과 룸
의 크기, 그리고 위생환경에서
제법 크게 차이가 난다면 주거
환경이 좋은 집을 선택하는 것이 더 좋은 선택이라고 볼 수 있다. 실
제로, 유학 초기에는 도심에 살던 학생들이 몇 달 지나고 나면 전철로
20~30분 들어가는 쪽으로 이사를 가는 경우를 종종 볼 수 있는데, 이
러한 경우는 대부분 실제 살아보니까 주거환경의 차이 때문에 이사를
결행한 경우에 해당한다.

2_ 숙소의 계약 방식

숙소의 계약은 크게 기숙사 계약과 개인명의 계약의 두 가지 형태로 구분된다. 보통 1년 정도 체류할 계획이라면 기숙사 계약이 좀 더 경제적이지만, 장기적으로 체류할 경우에는 개인명의 계약이 금전적으로 유리할 수 있다. 다만, 장기적으로 체류하는 경우에도 진학, 취업 등의 사유로 이사를 해야 하는 상황이 많이 오기 때문에, 그렇게 되면 개인명의 계약의 경우 오히려 더 큰 손실이 발생할 수 있으므로, 초기에 돈이 적게 드는 기숙사 계약이 좀 더 자금 부담이 적다고 할 수 있다. 그럼 두 계약 형태의 장단점을 분석해 보기로 한다.

기숙사 계약

기숙사 사업자가 운영하는 원룸, 맨션, 게스트하우스, 학생회관 등에 입주하는 것을 말한다. 이 경우는 개인명의 계약에 비해 입실료, 시설료 등 초기 계약금이 적게 드는 대신 월세는 더 비싸다. 주요 시설물로서는 TV, 냉장고, 냉난방, 세탁

기, 전기밥솥, 전자렌지 등 가전제품이 대부분 갖추어져 있다.

그리고, 일본인 보증인이 필요없고, 한국에서 출국 전에 계약을 할 수 있으므로 출국 전에 숙소 문제에 시간을 뺏길 일은 없다. 인터넷 설비가 대부분 갖춰져 있으며, 어느 기숙사든 공실이 있으면 계약이 가능하다. 다만, 첫 입주시에는 대부분 월세 3개월분을 한꺼번에 납부해야 한다.

개인명의 계약

이 경우는 일본인의 집 또는 룸에 대해 임대계약서를 체결하는 것을 말한다. 기숙사 계약에 비해 레이킹, 시키킹, 부동산 소개비 등 초기 계약금이 많이 드는 대신 월세는 더 저렴하다. 다만, 가전제품이 전혀 없으므로 가전제품 일체를 별도로 구매해야 하고, 귀국할 때 대부분 아는 사람한테 주거나 싼 값으로 처분하고 온다.

일본인 보증인이 필요하며, 보증인이 없으면 보증회사에 돈을 주고 보증인을 소개받아야 한다. 한국에서 출국전에 계약

할 수 없고, 외국인등록증 신청 후에 계약이 가능하므로 출국 후 집 계약에 다소 시간을 뺏기게 된다. 인터넷 설비가 갖춰져 있지 않고 외국인을 받아주는 부동산을 통해서만 계약이 가능하다.

JCLI일본어학교에서 일본유학의 꿈을 이루세요~

- 유익하고 즐거운 유학생활을 만들어가는 일본어학교
- 30년 전통과 동경 도심의 교육중심지인 다카다노바바에 위치
- 학교 시설이 쾌적하고 수업만족도가 높은 학교
- 주변지역에 기숙사가 많아 도보통학 가능한 도심 편리형 학교

개교년도 : 1980년
모집학기 : 1월, 4월, 7월, 10월
모집코스 : 장기/단기코스, 방학특별코스 등
　　　　　 회화능력향상을 위한 일반코스, 대학진학자를 위한 진학코스 별도개설
소 재 지 : 동경도심 타까다노바바
교　　통 : JR,야먀토테선 타까다노바바역 도보10분
　　　　　 (소부선, 세이부신주쿠선, 토자이선 이용가능)
학교정원 : 224명
기　　타 : 대학식 선택제 수업, EJU대비, 발음특강 및 자유회화 등 무료보충수업,
　　　　　 체험학습, 국제교류

※ 더욱 자세한 사항은 JCLI일본어학교로 문의해주세요.

東京都新宿区高田馬場4-41-1 JCLI日本語学校　www.jclischool.com
Tel: 03-5348-2171　Fax: 03-5348-2345

학교법인 동경갤럭시학원

동경갤럭시일본어학교

Safe and successful school life!

1. 관심,목적에 맞추어 공부하는 선택제 수업
2. 명문대학 합격실적이 높은 특별진학 반
3. 취직을 위한 비즈니스일본어 반
4. 초급에서는 오리지널 교재를 사용
5. 다국적인 반편성 및 국제교류
6. 일본유학시험 최고 득점자 배출
7. 케이오대학생과의 교류회
8. 진학지도나 카운슬링의 충실한 지원
9. 전철 정기권 할인제도로 교통비 절감

동경갤럭시일본어학교는 1986년에 설립된 학교법인 명문 어학연수기관으로 일본어 커뮤니케이션능력을 극대화 하기위한 일본어교수법을 개발해 왔고 많은 졸업생들이 전 세계에서 활약하고 있습니다.

● **입학시기** 1월, 4월, 7월, 10월

● **학비안내**

코스구분	선고료	수업료
장기코스 6개월	￥ 20,000	￥ 378,000
단기코스 3개월	–	￥ 167,000

● **수업안내**

수업안내	4교시 / 1일 (주 5일)
오전수업	09:20 ~ 12:40 (중상~상급)
오후수업	13:10 ~ 16:30 (초급~중급)

● **코스안내** 정규코스 (일반클래스, 특별진학클래스, 비지니스클래스), 단기코스, 방학코스

● 동경갤럭시일본어학교는 <u>다양한 레벨과 다양한 코스의 다국적의</u> 학교법인 어학연수기관입니다.

http://www.tglschool.com   galaxy@tglschool.com   02-755-0140 (한국홍보과)
〒108-0014 東京都港区芝5-10-10   TEL. 03-5765-2805   FAX. 03-5232-5755
5-10-10 Shiba, Minato-ku, TOKYO 108-0014

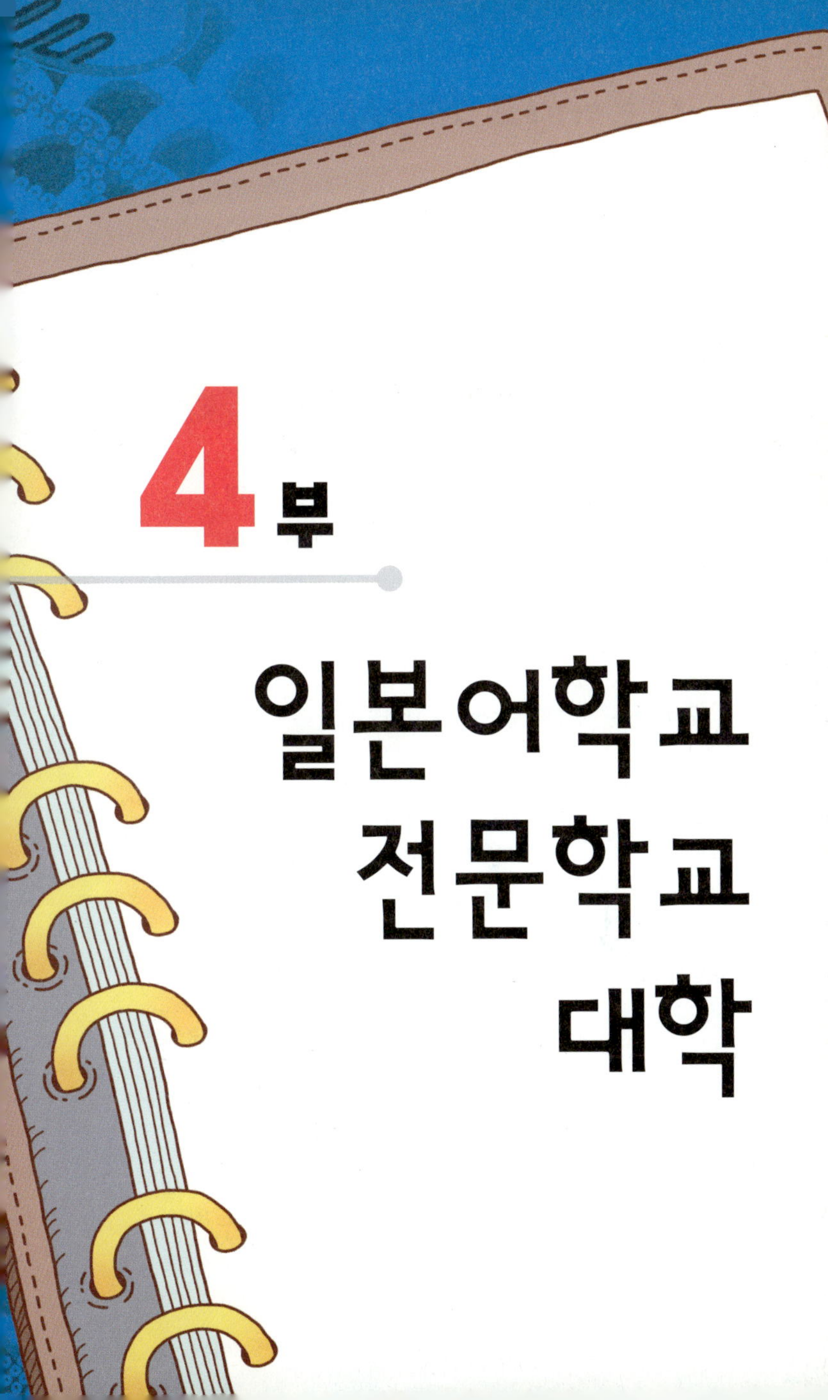

4부
일본어학교
전문학교
대학

1 _ 일본어학교 개강시기 및 구비서류

개강시기 및 접수기간

개강학기	서류접수기간
1월학기	07월 01일 ~ 09월 15일
4월학기	09월 01일 ~ 11월 15일
7월학기	01월 01일 ~ 03월 15일
10월학기	03월 01일 ~ 05월 15일

코스별 구비서류 :: 장기연수 구비서류 (6개월이상)

구분	제출 서류 목록	비고사항
본인서류	가족관계증명서(부모님명의) 기본증명서(본인명의)	구청 또는 동사무소
	최종학교졸업증명서	최종학교
	재학(휴학/제적)증명서	대학
	사진8매(3*4)	반명함판
	여권카피	사진면, 일본출입국스템프면
	재직(경력)증명서	회사
	소득금액증명원 최근3년치	회사 또는 세무서
보증인서류	재직증명서	회사
	소득금액증명원 최근3년치	회사 또는 세무서
	은행잔고증명서	은행 (통장, 도장, 신분증 지참)

:: 단기연수 (3개월이하) 및 워킹비자생 학교등록 구비서류

구분	제출 서류 목록	비고사항
보증인서류	사진4매(3*4)	반명함판
	여권카피	사진면, 일본출입국스템프면

:: 워킹홀리데이비자 신청 구비서류

제출 서류 목록	비고사항
비자신청서	대사관 또는 (주)자넷코리아 비치
조사서	
가족관계증명서(부모님명의) 기본증명서(본인명의)	구청 또는 동사무소
주민등록증(앞뒤)카피	복사
주민등록초본	병역필한 남자만 해당됨
졸업(재학/휴학/제적)증명서	최종학교
사진6매(3*4)	반명함판
여권카피	사진면, 일본출입국스템프면
은행잔고증명 250만원이상	은행 (통장, 도장, 신분증 지참)
워킹비자 신청이유서	일본어 또는 영어 (300~500자)
워킹비자 활동계획서	일본어 또는 영어 (300~500자)

2_ 지역별 주요 일본어학교

school of Japanese

동경갤럭시일본어학교

학교소개		대학식 선택제 커리큘럼으로 유명한 학교
학교위치		JR 타마찌역 도보7분 / 게이오대학타운
홈페이지		http://www.tglschool.com
학교특징		비즈니스회화, 관광통역회화, 방송미디어회화 등 다양한 선택커리큘럼 보유, 대학진학특별클래스, 비즈니스코스 별도 개설. 정원 300명.
학비	**장기코스**	첫6개월분 398,000엔, 2학기분 320,000엔 학비 1년분 합계 718,000엔 / 교재비포함
	단기코스	단기3개월분 167,000엔 / 교재비포함
	워킹비자	워킹3개월분 167,000엔 / 6개월분 320,000엔

school of Japanese

JCLI 일본어학교

학교소개		재학생 만족도가 높은 도심편리형의 학교
학교위치		JR 타카다노바바역 도보10분
홈페이지		http://www.jclischool.com
학교특징		베테랑 강사진을 바탕으로 수업에 대한 만족도가 높고, EJU 및 JLPT 대비 충실. 회화코스와 진학코스의 선택이 가능. 정원 224명.
학비	**장기코스**	첫6개월분 398,000엔, 2학기분 324,500엔 학비 1년분 합계 722,500엔 / 교재비포함
	단기코스	단기3개월분 185,000엔 / 교재비포함
	워킹비자	워킹3개월분 120,000엔 / 6개월분 230,000엔

센다가야일본어학교

학교소개		센다가야 교수법으로 유명한 학교법인의 학교
학교위치		JR 타카다노바바역 도보8분
홈페이지		http://www.sendagayaschool.com
학교특징		센다가야 교수법(메소드)을 바탕으로 수준높은 일본어 교육을 실현. EJU 및 JLPT 대비에 철저하며 진학률이 높다. 정원 349명.
학비	장기코스	첫6개월분 406,000엔, 2학기분 340,000엔 학비 1년분 합계 746,000엔 / 교재비별도
	단기코스	단기3개월분 200,000엔 / 교재비별도
	워킹비자	워킹3개월분 200,000엔 / 6개월분 379,000엔

TS 일본어학교

학교소개		동경 도심에 위치한 도심편리형의 학교
학교위치		JR 타카다노바바역 도보5분
홈페이지		http://www.tsschool.jp
학교특징		학교시설이 쾌적하고 JLPT(능력시험), EJU(일본유학시험), Bken(비즈니스일본어) 등 각종시험대비와 진학지도에 철저. 정원 222명.
학비	장기코스	첫6개월분 380,000엔, 2학기분 300,000엔 학비 1년분 합계 680,000엔 / 교재비별도
	단기코스	단기3개월분 150,000엔 / 교재비별도
	워킹비자	워킹3개월분 150,000엔 / 6개월분 280,000엔

와세다에듀일본어학교

학교소개		동경 도심의 도심편리형의 학교
학교위치		JR 타카다노바바역 도보3분
홈페이지		http://www.wasedals.com
학교특징		우수한 강사진을 바탕으로 목적에 따른 세분화된 진학지도를 실시. EJU 대비, 영어, 일본회화의 별도수업을 무료로 실시. 정원 280명.
학비	장기코스	첫6개월분 383,000엔, 2학기분 313,000엔 학비 1년분 합계 696,000엔 / 교재비별도
	단기코스	단기3개월분 155,000엔 / 교재비별도
	워킹비자	워킹3개월분 155,000엔 / 6개월분 290,000엔

요시다일본어학교

학교소개		와세다 대학가의 가족적인 분위기의 학교
학교위치		JR 와세다역 도보12분
홈페이지		http://www.yosida.or.kr
학교특징		다양한 국적분포의 가족적인 분위기의 학교. 철저한 진학지도를 바탕으로 진학률이 높고, EJU와 JLPT 대비에 강하다. 정원 300명.
학비	장기코스	첫6개월분 410,000엔, 2학기분 296,100엔 학비 1년분 합계 706,100엔 / 교재비별도
	단기코스	단기3개월분 157,500엔 / 교재비별도
	워킹비자	워킹3개월분 148,050엔 / 6개월분 296,100엔

휴먼아카데미일본어학교

학교소개		동경 도심 소재, 휴먼교육그룹의 일본어학교
학교위치		JR 타카다노바바역 도보3분
홈페이지		http://www.athumankorea.com
학교특징		오리지널교재와 보조교재를 활용한 다채로운 수업, 다양한 국적을 바탕으로 국제커뮤니케이션 및 국제교류가 활발하다. 정원 280명.
학비	장기코스	첫6개월분 388,000엔, 2학기분 304,000엔 학비 1년분 합계 692,000엔 / 교재비별도
	단기코스	단기3개월분 189,000엔 / 교재비별도
	워킹비자	워킹3개월분 157,500엔 / 6개월분 315,000엔

동경국제대학 부속 일본어학교

학교소개		동경 도심에 소재한 대학 부속 일본어학교
학교위치		JR 타카다노바바역 도보5분
홈페이지		http://www.tiujls.co.kr
학교특징		영어, 수학, 과학 등 EJU 대비과목에 대한 진학중심의 커리큘럼을 보유하고 있으며, 진학률이 높고 종일제 수업 실시. 정원 340명.
학비	장기코스	첫6개월분 580,000엔, 2학기분 330,000엔 학비 1년분 합계 910,000엔 / 교재비별도
	단기코스	해당사항없음
	워킹비자	해당사항없음

school of Japanese

KCP 지구시민일본어학교

학교소개		동경 도심 소재 일본 최대규모의 학교
학교위치		JR 신주쿠역 도보20분
홈페이지		http://www.kcpkorea.com
학교특징		일본국내 최대규모의 학교로서 KCP지구시민과 KCP 공생의 2개교를 운영. 철저한 진학지도 및 진학실적이 우수하다. 정원 640명.
학비	**장기코스**	첫6개월분 404,000엔, 2학기분 324,000엔 학비 1년분 합계 728,000엔 / 교재비별도
	단기코스	단기3개월분 185,000엔 / 교재비별도
	워킹비자	워킹3개월분 185,000엔 / 6개월분 340,000엔

KCP 공생일본어학교

학교소개	동경 도심 소재 KCP그룹의 학교
학교위치	JR 신주쿠역 도보20분
홈페이지	http://www.kcpkorea.co.kr
학교특징	일본국내 최대규모의 KCP그룹의 학교로서 강사진이 우수하며 철저한 진학지도 및 진학실적으로 유명하다. 정원 380명.

학비	장기코스	첫6개월분 367,500엔, 2학기분 294,000엔 학비 1년분 합계 661,500엔 / 교재비별도
	단기코스	단기3개월분 183,750엔 / 교재비별도
	워킹비자	워킹3개월분 158,750엔 / 6개월분 317,500엔

라보일본어학교

학교소개	동경 도심에 위치한 가족적인 분위기의 학교
학교위치	JR 신주쿠역 도보5분
홈페이지	http://www.labo-nihongo.com
학교특징	재단법인 라보국제교류센터 산하의 일본어학교. 동경 도심 신주쿠에 위치하고 소수인원수업을 실시. 정원 150명.

학비	장기코스	첫6개월분 350,000엔, 2학기분 280,000엔 학비 1년분 합계 630,000엔 / 교재비별도
	단기코스	단기3개월분 160,000엔 / 교재비별도
	워킹비자	워킹3개월분 160,000엔 / 6개월분 300,000엔

요한일본어학교

학교소개		기독교 정신을 바탕으로 설립된 중견학교
학교위치		JR 신오쿠보역 도보1분
홈페이지		http://www.yohanschool.com
학교특징		밝고 쾌적한 최신 인테리어의 학교빌딩을 보유. 우수한 강사진을 바탕으로 수업에 대한 만족도와 진학실적이 우수. 정원 400명.
학비	장기코스	첫6개월분 395,000엔, 2학기분 320,000엔 학비 1년분 합계 715,000엔 / 교재비별도
	단기코스	단기3개월분 170,000엔 / 교재비별도
	워킹비자	워킹3개월분 120,000엔 / 6개월분 240,000엔

사무교육학원

학교소개		전통있는 도심편리형의 학교
학교위치		JR 신오쿠보역 도보2분
홈페이지		http://www.samuyuhak.co.kr
학교특징		우수한 강사진 및 철저한 진학지도를 바탕으로 진학률이 높고 진학실적이 뛰어나며, 교통과 상권이 발달한 도심에 위치. 정원 340명.
학비	장기코스	첫6개월분 385,375엔, 2학기분 301,875엔 학비 1년분 합계 687,250엔 / 교재비별도
	단기코스	단기3개월분 160,000엔 / 교재비별도
	워킹비자	워킹3개월분 125,000엔 / 6개월분 250,000엔

MCA 미쯔미네캐리어아카데미

학교소개		동경 도심 소재 진학중심의 일본어학교
학교위치		JR 오쿠보역 도보5분
홈페이지		http://www.mcaschool.jp
학교특징		진학중심의 교육프로그램을 바탕으로 EJU 및 JLPT 대비에 철저하며, 진학상담 및 진학지도를 통해 진학실적이 우수. 정원 440명.
학비	장기코스	첫6개월분 406,000엔, 2학기분 316,000엔 학비 1년분 합계 722,000엔 / 교재비별도
	단기코스	단기3개월분 176,000엔 / 교재비별도
	워킹비자	워킹3개월분 176,000엔 / 6개월분 332,000엔

I.S.I 랭귀지스쿨

학교소개		동경 도심 소재 서양인 비율이 높은 학교
학교위치		JR 신오쿠보역 도보1분
홈페이지		http://www.isi-education.com
학교특징		동경 도심에 소재하여 교통이 편리하고 스웨덴, 스위스 등 서양인 비율이 높고 국제적인 커뮤니케이션을 중시하는 학교. 정원 360명.
학비	장기코스	첫6개월분 404,250엔, 2학기분 330,750엔 학비 1년분 합계 735,000엔 / 교재비별도
	단기코스	단기3개월분 165,375엔 / 교재비별도
	워킹비자	워킹3개월분 165,375엔 / 6개월분 330,750엔

야마노테라인

school of Japanese

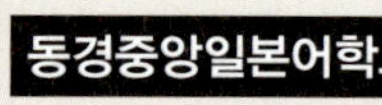

동경중앙일본어학교

학교소개		일본어교사양성과정으로 유명한 일본어학교
학교위치		JR 요요기역 도보2분
홈페이지		http://www.tcjseoul.co.kr
학교특징		일본어교사양성과정에 수많은 일본인들이 재학하고 있고 다양한 이벤트를 통해 국제교류가 활발하고 교통이 편리. 정원 380명.
학비	장기코스	첫6개월분 386,000엔, 2학기분 271,000엔 학비 1년분 합계 657,000엔 / 교재비별도
	단기코스	단기3개월분 167,000엔 / 교재비별도
	워킹비자	워킹3개월분 132,000엔 / 6개월분 264,000엔

아오야마스쿨오브재패니즈

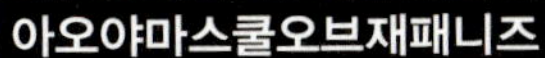

학교소개		오랜 전통과 가족적인 분위기의 학교
학교위치		JR 하라주쿠역 도보20분
홈페이지		http://www.aoyamaschool.com
학교특징		우수한 강사진을 바탕으로 수준높은 교육을 실현하며, 가족적인 학풍 속에서 국제적인 커뮤니케이션을 도모하는 학교. 정원 180명.
학비	장기코스	첫6개월분 395,900엔, 2학기분 263,880엔 학비 1년분 합계 659,780엔 / 교재비별도
	단기코스	단기3개월분 198,450엔 / 교재비별도
	워킹비자	워킹3개월분 198,450엔 / 6개월분 366,900엔

ARC 아크아카데미

학교소개		일본 전국 4개교를 보유한 대형 일본어학교
학교위치		시부야, 신주쿠, 오사카, 교토
홈페이지		http://www.arc-kr.com
학교특징		일본어교사양성과정으로 유명한 학교로서 일본의 각 지역별로 4개교를 운영. 국제적인 커뮤티케이션을 중시. 교통편리. 정원 500명.
학비	장기코스	첫6개월분 440,000엔, 2학기분 340,000엔 학비 1년분 합계 780,000엔 / 교재비별도
	단기코스	단기3개월분 175,000엔 / 교재비별도
	워킹비자	워킹3개월분 175,000엔 / 6개월분 345,000엔

메로스언어학원

학교소개		코스 선택제로 유명한 도심형 중대형 학교
학교위치		JR 이케부쿠로역 도보15분
홈페이지		http://www.meros.jp
학교특징		도심형 중대형 학교로서 회화코스와 진학코스를 선택할 수 있고, 학교시설이 쾌적하다. 능력시험, 일본유학시험 대비. 정원 600명.
학비	장기코스	첫6개월분 388,500엔, 2학기분 315,000엔 학비 1년분 합계 703,500엔 / 교재비별도
	단기코스	단기3개월분 170,000엔 / 교재비별도
	워킹비자	워킹3개월분 170,000엔 / 6개월분 320,000엔

토에이(TOEI) 일본어학교

학교소개		진학중심의 가족적인 분위기의 학교
학교위치		히가시나가사키역 도보4분
홈페이지		http://www.toeigakuin.com
학교특징		우수한 강사진을 바탕으로 수준높은 교육을 실시하며, 오전자율학습, 한자특별대비 등 학구적인 분위기. 정원 180명.
학비	장기코스	첫6개월분 383,250엔, 2학기분 309,750엔 학비 1년분 합계 693,000엔 / 교재비별도
	단기코스	단기3개월분 159,600엔 / 교재비별도
	워킹비자	워킹3개월분 132,300엔 / 6개월분 264,600엔

동일문 - 동경일본어문화학교

학교소개		관광, 호텔계열의 전문학교 부설 일본어학교
학교위치		JR 히가시나카노역 도보1분
홈페이지		http://www.tjlc.co.kr
학교특징		관광 및 호텔계열의 전문학교 진학 및 취업희망자에게 적합한 학교. 진학실적이 우수하고 다양한 교류활동을 실시. 정원 280명.
학비	**장기코스**	첫6개월분 400,000엔, 2학기분 330,000엔 학비 1년분 합계 730,000엔 / 교재비별도
	단기코스	단기3개월분 185,000엔 / 교재비별도
	워킹비자	워킹3개월분 185,000엔 / 6개월분 340,000엔

이스트웨스트일본어학교

학교소개		전통, 실적을 겸비한 학교법인의 학교
학교위치		JR 히가시나카노역 도보15분
홈페이지		http://www.eastwest.ac.jp
학교특징		수업에 대한 만족도가 높고 전통, 규모, 실적을 겸비. 정기적인 문화체험 활동을 실시하고 학교분위기 좋음. 정원 426명.
학비	**장기코스**	첫6개월분 385,000엔, 2학기분 300,000엔 학비 1년분 합계 685,000엔 / 교재비별도
	단기코스	단기3개월분 174,000엔 / 교재비별도
	워킹비자	워킹3개월분 158,500엔 / 6개월분 296,000엔

토파21세기어학교

학교소개		다양한 국적분포의 가족적인 분위기의 학교
학교위치		JR 고엔지역 도보12분
홈페이지		http://www.topa21.co.jp
학교특징		인도, 타이, 말레이시아, 중국, 한국 등 국적분포가 다양하고, 철저한 진학지도를 바탕으로 진학률이 높은 학교. 정원 500명.
학비	**장기코스**	첫6개월분 408,000엔, 2학기분 323,000엔 학비 1년분 합계 731,000엔 / 교재비별도
	단기코스	단기3개월분 160,000엔 / 교재비별도
	워킹비자	워킹3개월분 160,000엔 / 6개월분 320,000엔

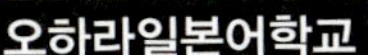

오하라일본어학교

학교소개		오하라전문학교 재단 부설 일본어학교
학교위치		JR 이이다바시역 도보5분
홈페이지		http://www.ohara.or.kr
학교특징		전산, 회계 계열의 전문학교 부설 어학교로서 수업에 대한 만족도가 높고 학교시설이 쾌적하며 교통편이 편리하다. 정원 220명.
학비	장기코스	첫6개월분 400,000엔, 2학기분 270,000엔 학비 1년분 합계 670,000엔 / 교재비별도
	단기코스	단기3개월분 159,000엔 / 교재비별도
	워킹비자	워킹3개월분 159,000엔 / 6개월분 308,000엔

타마가와국제학원

학교소개		진학중심의 가족적인 분위기의 중견 학교
학교위치		JR 아사쿠사바시역 도보5분
홈페이지		http://www.tamagawa.or.kr
학교특징		철저한 진학지도를 바탕으로 진학률이 높고, 컴퓨터 활용 수업 및 인터넷 대응이 편리하다. 다양한 이벤트 실시. 정원 460명.
학비	장기코스	첫6개월분 410,370엔, 2학기분 293,550엔 학비 1년분 합계 703,920엔 / 교재비별도
	단기코스	단기3개월분 154,500엔 / 교재비별도
	워킹비자	워킹3개월분 123,600엔 / 6개월분 247,200엔

학교소개	수림교육그룹 산하의 학교법인의 학교
학교위치	JR 료고쿠역 도보7분
홈페이지	http://www.shurin.co.kr
학교특징	우수한 강사진을 바탕으로 면학분위기가 잘 조성되어 있고, 철저한 진학지도를 통해 진학실적이 우수하고 진학률이 높다. 정원 280명.

학비	장기코스	첫6개월분 380,000엔, 2학기분 280,000엔 학비 1년분 합계 660,000엔 / 교재비별도
	단기코스	단기3개월분 180,000엔 / 교재비별도
	워킹비자	워킹3개월분 150,000엔 / 6개월분 300,000엔

창조문화대학 유학생 별과

학교소개	창조학원대학 유학생 별과
학교위치	JR 료고쿠역 도보12분
홈페이지	http://www.souzou.ac.jp
학교특징	예술계열의 4년제 대학으로서 본교는 군마현 타카사키시에 위치하고, 동경캠퍼스는 료쿠에 위치하고 있다. 정원 제한없음.

학비	장기코스	첫6개월분 485,000엔, 2학기분 325,000엔 학비 1년분 합계 810,000엔 / 교재비별도
	단기코스	단기3개월분 182,500엔 / 교재비별도
	워킹비자	워킹3개월분 162,500엔 / 6개월분 325,000엔

school of Japanese

ABK 일본어학교

학교소개	재단법인 아시아학생문화협회 산하의 학교
학교위치	도에이미타센 센고쿠역 1분
홈페이지	http://www.abk.co.kr
학교특징	철저한 EJU 대비 수업. 종합과목, 수학, 물리, 화학 등 과목별 EJU 성적 세계 1위를 23명이나 배출한 발군의 실적 보유. 정원 400명.

학비	장기코스	첫6개월분 440,000엔, 2학기분 340,000엔 학비 1년분 합계 780,000엔 / 교재비별도
	단기코스	해당사항없음
	워킹비자	해당사항없음

다이나믹비지니스칼리지

학교소개		전통있고 가족적인 분위기의 학교
학교위치		닛뽀리역 도보3분
홈페이지		http://www.dbcjpn.com
학교특징		합리적이고 효과적인 커리큘럼을 제공함으로써 학습 효과를 높이고, 철저한 진학지도를 통해 상급학교에의 진학률이 높다. 정원 360명.
학비	**장기코스**	첫6개월분 391,125엔, 2학기분 317,625엔 학비 1년분 합계 708,750엔 / 교재비별도
	단기코스	단기3개월분 166,950엔 / 교재비별도
	워킹비자	워킹3개월분 154,000엔 / 6개월분 293,000엔

아까몽까이일본어학교

학교소개		규모가 큰 도심형 학교법인의 학교
학교위치		닛뽀리역 도보5분
홈페이지		http://www.akamonkai.co.kr
학교특징		닛뽀리(본관)과 니시닛뽀리(신관)의 두 학교를 운영하고 있으며, 우수한 강사진과 높은 진학률을 자랑하는 대형 일본어학교. 정원 900명.
학비	**장기코스**	첫6개월분 375,000엔, 2학기분 295,000엔 학비 1년분 합계 670,000엔 / 교재비포함
	단기코스	단기3개월분 120,000엔 / 교재비포함
	워킹비자	워킹3개월분 120,000엔 / 6개월분 240,000엔

시스템도요외어

학교소개		다양한 국적분포의 가족적인 분위기의 학교
학교위치		JR 타바타역 도보5분
홈페이지		http://www.systemtoyo.co.kr
학교특징		약 15개국의 고른 국적분포와 열성적인 강사진을 바탕으로 우수한 진학실적과 높은 진학률. 가족적인 분위기의 학교. 정원 180명.
학비	장기코스	첫6개월분 388,500엔, 2학기분 283,500엔 학비 1년분 합계 672,000엔 / 교재비별도
	단기코스	단기3개월분 134,400엔 / 교재비별도
	워킹비자	워킹3개월분 120,000엔 / 6개월분 240,000엔

인터컬트일본어학교

학교소개		오랜 전통과 역사를 가진 일본어학교
학교위치		신오카치마치역 도보15분
홈페이지		http://www.incul.com
학교특징		학습자의 목적에 맞는 다양한 코스와 철저한 시험대비로 유명. 충실한 과외활동 및 세심한 교무행정. 쾌적한 학교건물. 정원 600명.
학비	장기코스	첫6개월분 458,000엔, 2학기분 330,000엔 학비 1년분 합계 788,000엔 / 교재비별도
	단기코스	단기3개월분 175,000엔, 교재비별도
	워킹비자	워킹3개월분 175,000엔 / 6개월분 302,500엔

school of Japanese

TLS 동양언어학원

학교소개		TCA, TSM 전문학교 그룹 계열의 일본어학교
학교위치		니시카사이역 도보12분
홈페이지		http://www.ko.tls-japan.com
학교특징		진학율이 높고 주변환경이 매우 좋고, 세분화된 커리큘럼을 보유. 그룹내 전문학교 진학시 입학금 10만엔 면제 혜택. 정원 540명.
학비	**장기코스**	첫6개월분 432,000엔, 2학기분 312,000엔 학비 1년분 합계 744,000엔 / 교재비별도
	단기코스	단기3개월분 186,000엔 / 교재비별도
	워킹비자	워킹3개월분 186,000엔 / 6개월분 342,000엔

국서일본어학교

학교소개	일본 종합출판사 국서간행회 부설 일본어학교
학교위치	시무라사카우에역 도보4분
홈페이지	http://www.kokusho.co.kr
학교특징	조용한 도시에서 공부에 전념할 분들에게 추천할만한 도시외곽형 진학중심의 학교. 철저한 진학지도와 높은 진학률. 정원 740명.

학비	장기코스	첫6개월분 399,000엔, 2학기분 283,500엔 학비 1년분 합계 682,500엔 / 교재비별도
	단기코스	단기3개월분 155,000엔 / 교재비별도
	워킹비자	워킹3개월분 155,000엔 / 6개월분 295,000엔

동경공과대학 부속 일본어학교

학교소개	동경공과대학 및 일본공학원 부설 어학교
학교위치	카마타역 도보3분
홈페이지	http://www.jst.ac.jp
학교특징	동경공과대학, 일본공학원 진학시 입학금 및 선고료 전액면제. 대학캠퍼스, 도서관 등 대학시설 이용. 진학율이 높다. 정원 100명.

학비	장기코스	첫6개월분 463,780엔, 2학기분 350,000엔 학비 1년분 합계 813,780엔 / 교재비별도
	단기코스	해당사항없음
	워킹비자	해당사항없음

한림일본어학교

학교소개	카나가와현의 대표적인 학교
학교위치	아오바다이역 도보3분
홈페이지	http://www.kanrin.net
학교특징	쾌적한 학교시설과 친철한 학생관리로 호평받는 카나가와현의 대표적인 학교. 진학실적이 우수하고 각종시험대비에 철저. 정원 460명.

학비	장기코스	첫6개월분 399,800엔, 2학기분 298,800엔 학비 1년분 합계 698,600엔 / 교재비별도
	단기코스	단기3개월분 179,000엔 / 교재비별도
	워킹비자	워킹3개월분 172,400엔 / 6개월분 308,800엔

후타바외어학원

학교소개	치바 지역의 대표적인 학교
학교위치	치바중앙역 도보2분
홈페이지	http://www.eastwest.ac.jp
학교특징	이스트웨스트교육그룹 산하의 학교로서 쾌적한 학교시설과 가족적인 분위기의 학교. 가깝고 저렴한 학교기숙사 운영. 정원 236명.

학비	장기코스	첫6개월분 373,000엔, 2학기분 288,000엔 학비 1년분 합계 661,000엔 / 교재비별도
	단기코스	단기3개월분 163,000엔 / 교재비별도
	워킹비자	워킹3개월분 152,000엔 / 6개월분 282,000엔

school of Japanese

오사카외어학원

학교소개		국제교류센터 부설. 다국적 커뮤니케이션.
학교위치		혼마치역 도보12분
홈페이지		http://www.osaka-gaigo.jp
학교특징		캐나다, 영국, 뉴질랜드 등 국적분포가 다양하고 철저한 진학지도와 높은 진학률 보유. 소인수 수업 실시. 정원 76명.
학비	장기코스	첫6개월분 420,000엔, 2학기분 340,000엔 학비 1년분 합계 760,000엔 / 교재비별도
	단기코스	단기3개월분 90,300엔 / 교재비별도
	워킹비자	워킹3개월분 90,300엔 / 6개월분 170,100엔

메릭일본어학교

학교소개		오사카 지역 최대 규모의 일본어학교
학교위치		니뽄바시역 도보10분
홈페이지		http://www.meric.co.jp
학교특징		오사카 도심에 위치한 대표적인 학교로서 쾌적한 학교 시설과 높은 진학률을 자랑하고 많은 대학들과 교류협정 체결. 정원 560명.
학비	**장기코스**	첫6개월분 390,000엔, 2학기분 300,000엔 학비 1년분 합계 690,000엔 / 교재비별도
	단기코스	단기3개월분 162,500엔 / 교재비별도
	워킹비자	워킹3개월분 162,500엔 / 6개월분 315,000엔

고베동양일본어학원

학교소개		고베 지역의 대표적인 일본어학교
학교위치		산노미야역 도보8분
홈페이지		http://www.jp-college.com
학교특징		짜임새있는 커리큘럼과 다체로운 학교활동. 부속치료원과 제휴병원에 의한 건강관리. 저렴하고 깨끗한 학교기숙사 보유. 정원 80명.
학비	**장기코스**	첫6개월분 412,000엔, 2학기분 282,000엔 학비 1년분 합계 694,000엔 / 교재비별도
	단기코스	단기3개월분 190,000엔 / 교재비별도
	워킹비자	워킹3개월분 190,000엔 / 6개월분 355,000엔

후쿠오카국제학원

학교소개		후쿠오카 지역의 대표적인 일본어학교
학교위치		하카타역 도보10분
홈페이지		http://www.f-i-a.jp/ja/
학교특징		철저한 진학지도를 통한 높은 진학률 및 우수한 진학실적 보유. 쾌적한 학교시설 및 가깝고 저렴한 학생기숙사 보유. 정원 240명.
학비	**장기코스**	첫6개월분 482,000엔, 2학기분 347,000엔 학비 1년분 합계 829,000엔 / 교재비별도
	단기코스	단기3개월분 140,000엔 / 교재비별도
	워킹비자	워킹3개월분 140,000엔 / 6개월분 280,000엔

전문학교 일본어과

school of Japanese

학교소개		통번역 및 교사양성과정으로 유명한 전문학교
학교위치		신주쿠역 도보5분
홈페이지		http://www.tflc.ac.jp
학교특징		통번역뿐만 아니라 일본어능력시험, 비즈니스능력검정 등 어학계열의 각종자격증 취득을 위한 최고수준의 어학학습과정. 정원 200명.
학비	**장기코스**	첫6개월분 680,000엔, 2학기분 300,000엔 학비 1년분 합계 980,000엔 / 교재비별도
	단기코스	해당사항없음
	워킹비자	해당사항없음

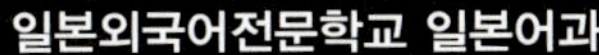

일본외국어전문학교 일본어과

학교소개		통번역, 호텔, 국제비지니스 계열의 전문학교
학교위치		JR 메지로역 도보10분
홈페이지		http://www.jcfl.ac.jp/nihongo/
학교특징		전문학교, 대학 진학 및 일본내 취업 희망자에게 추천할만한 학교. 다양한 전공을 보유. 특별활동과 견학프로그램 실시. 정원 308명.
학비	**장기코스**	첫6개월분 540,000엔, 2학기분 390,000엔 학비 1년분 합계 930,000엔 / 교재비별도
	단기코스	해당사항없음
	워킹비자	해당사항없음

수림외어전문학교 일본어과

학교소개		통번역 및 일본내 취업으로 유명한 전문학교
학교위치		JR 카메이도역 도보7분
홈페이지		http://www.shurincollege.co.kr
학교특징		강사진이 우수하고 일본내 한국계 기업에 취업 유리. 회화중심의 커리큘럼 보유. 본교 일한통번역과 진학시 입학금 면제. 정원 160명.
학비	**장기코스**	첫6개월분 485,000엔, 2학기분 250,000엔 학비 1년분 합계 735,000엔 / 교재비별도
	단기코스	단기3개월분 180,000엔 / 교재비별도
	워킹비자	워킹3개월분 180,000엔 / 6개월분 330,000엔

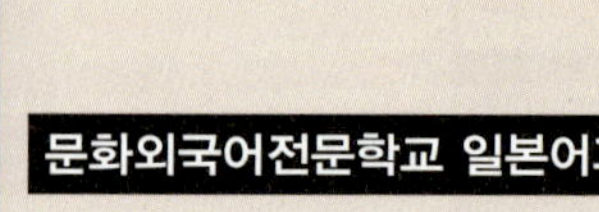

문화외국어전문학교 일본어과

학교소개		문화여자대학, 문화복장학원 재단의 전문학교
학교위치		신주쿠역 도보7분
홈페이지		http://www.bunka.ac.jp
학교특징		대학캠퍼스이용. 일본의 국비유학생 위탁교육기관. 한국, 타이, 오스트리아 등 각국의 국비유학생 재학중. 정원 160명.
학비	장기코스	첫6개월분 667,400엔, 2학기분 340,000엔 학비 1년분 합계 1,007,400엔 / 교재비별도
	단기코스	해당사항없음
	워킹비자	해당사항없음

I.S.B 국제비지니스전문학교 일본어과

학교소개		국제비지니스 계열의 취업실무형 전문학교
학교위치		JR 오오츠카역 도보10분
홈페이지		http://www.isbac.kr/gnuboard4
학교특징		일본어와 일본문화를 배우고 대학, 대학원 진학 및 비지니스 현장에서 활약하는 인재를 육성. 본교 진학시 입학금 면제. 정원 280명.
학비	장기코스	첫6개월분 430,000엔, 2학기분 300,000엔 학비 1년분 합계 730,000엔 / 교재비별도
	단기코스	단기3개월분 153,000엔 / 교재비별도
	워킹비자	워킹3개월분 153,000엔 / 6개월분 306,000엔

와세다외어전문학교

학교소개	동경 도심 소재 외국어계열의 유명 전문학교		
학교위치	JR 타카다노바바역 도보2분		
홈페이지	http://www.waseda-flc.ac.jp		
학교특징	담임제에 의한 소수인원수업. 일본인 학생들과의 교류가 활발. 통역번역스페셜리스트, 일본대학편입등 다양한 전공 보유. 정원 120명.		
학비	장기코스	첫6개월분 425,000엔, 2학기분 305,000엔 학비 1년분 합계 730,000엔 / 교재비별도	
	단기코스	단기3개월분 180,000엔 / 교재비별도	
	워킹비자	워킹3개월분 180,000엔 / 6개월분 340,000엔	

외어비지니스전문학교 일본어과

학교소개	국제비지니스 계열의 유명 전문학교		
학교위치	카와사키역 도보10분		
홈페이지	http://www.cbc.ac.jp		
학교특징	쾌적한 학교시설과 열성적인 강사진. 일본내 취업에 유리. 다양한 국적분포. 각종 이벤트를 통해 지역민 교류가 활발. 정원 340명.		
학비	장기코스	첫6개월분 465,000엔, 2학기분 335,000엔 학비 1년분 합계 800,000엔 / 교재비별도	
	단기코스	단기3개월분 195,000엔 / 교재비별도	
	워킹비자	워킹3개월분 195,000엔 / 6개월분 380,000엔	

관서외어전문학교 일본어과

학교소개	통번역 및 외국어 계열의 유명 전문학교	
학교위치	텐노지역 도보3분	
홈페이지	http://www.kansai.or.kr	
학교특징	쾌적한 교육환경과 우수한 강사진을 갖춘 오사카 지역의 대표적인 외국어전문학교. 국제교류가 활발하고 진학률이 높다. 정원 418명.	
학비	장기코스	첫6개월분 517,000엔, 2학기분 268,000엔 학비 1년분 합계 785,000엔 / 교재비별도
	단기코스	단기3개월분 205,000엔 / 교재비별도
	워킹비자	워킹3개월분 205,000엔 / 6개월분 390,000엔

에르네트워크전문학교 일본어과

학교소개	오사카 소재. 대학진학에 유리한 전문학교	
학교위치	남바역 도보5분	
홈페이지	http://www.ehle.ac.jp	
학교특징	국공립대학진학코스, 대학원진학코스 등 세분화된 코스 보유. 철저한 진학지도와 높은 진학률. 정원 670명.	
학비	장기코스	첫6개월분 475,000엔, 2학기분 375,000엔 학비 1년분 합계 850,000엔 / 교재비별도
	단기코스	단기3개월분 150,000엔 / 교재비별도
	워킹비자	워킹3개월분 150,000엔 / 6개월분 300,000엔

3_ 분야별 주요 전문학교

- **일본공학원 전문학교** http://www.neec.ac.jp

  주요분야 | 전기, 전자, CG, 게임, 콘서트

- **일본전자 전문학교** http://www.jec.ac.jp

  주요분야 | 전기, 전자, 컴퓨터, 애니메이션

- **TCA 동경커뮤니케이션아트** http://www.tca.ac.jp

  주요분야 | 게임프로그래머, CG, 웹디자인

- **동방학원 전문학교** http://www.tohogakuen.ac.jp

  주요분야 | 방송, 영상, 음향, 영화

- **문화복장학원** http://www.bunka-fc.ac.jp

  주요분야 | 패션디자인, 악세사리, 코디네이터

- **동경모드** http://www.mode.ac.jp

  주요분야 | 패션디자인, 코디네이트

- **ICS 칼리지** http://www.ics.ac.jp

  주요분야 | 인테리어디자인, 칼라

- **동경디자인 전문학교** http://www.tda.ac.jp

주요분야 ┃ 패션디자인

- **일본디자이너학원** http://www.ndg.ac.jp

주요분야 ┃ 인테리어디자인, 패션

- **호스피탈리티투어리즘 전문학교** http://www.trajal.ac.jp

주요분야 ┃ 관광, 호텔, 항공예약, 상업실무

- **일본호텔스쿨** http://www.jhs.ac.jp

주요분야 ┃ 호텔, 웨딩, 여행

- **JTB 트래블 & 호텔칼리지** http://www.jtb−college.ac.jp

주요분야 ┃ 관광, 호텔

- **도요타동경 자동차대학교** http://www.toyota−jaec.ac.jp

주요분야 ┃ 자동차정비, 설계, 기계, 운수

- **도요타나고야 자동차대학교** http://www.yoyota−tcn.ac.jp

주요분야 ┃ 자동차정비, 설계, 기계, 운수

- **핫도리 영양전문학교** http://www.hattori.ac.jp

  주요분야 ｜ 식품영양, 조리

- **헐리우드 미용전문학교** http://www.hollywood.ac.jp

  주요분야 ｜ 이용, 미용, 헤어, 메이크업

- **야마노미용 전문학교** http://www.yamano-bc.jp

  주요분야 ｜ 이용, 미용, 헤어, 메이크업

- **동경네트웨이브 전문학교** http://www.tnw.ac.jp

  주요분야 ｜ 게임소프트, IT, 컴퓨터

- **일본사진예술전문학교** http://www.npi.ac.jp

  주요분야 ｜ 사진, 영상, 편집, 디자인

- **히코미즈노 주얼리전문학교** http://www.hikohiko.jp

  주요분야 ｜ 보석디자인, 디스플레이

- **츠지조리사 전문학교** http://www.tsuji.ac.jp

  주요분야 ｜ 조리, 영양

■ **동경제과학교** http://www.tokyoseika.ac.jp

주요분야 ┃ 제과, 제빵

■ **일본과자전문학교** http://www.nihon-kashi.ac.jp

주요분야 ┃ 제과, 제빵

■ **동경성심조리사전문학교** http://www.seishingakuen.ac.jp

주요분야 ┃ 조리, 푸드코디네이트

■ **동경애니메이션칼리지** http://www.tokyo-anime.jp

주요분야 ┃ 각본가, 애니메이터, 만화가

■ **외어비지니스전문학교** http://www.cbc.ac.jp

주요분야 ┃ 상업실무, 국제비지니스

■ **일본플라워디자인전문학교** http://www.flower.ac.jp

주요분야 ┃ 플라워디자인, 원예, 가드너

■ **동경멀티미디어전문학교** http://www.tmc.tsuzuki.ac.jp

주요분야 ┃ 시스템엔지니어, CG디자이너

- **TSM 도쿄스쿨오브뮤직** http://www.tsm.ac.jp
  주요분야 ｜ 음악, 작곡, 뮤직비지니스

- **동경뮤직 & 미디어아트쇼비** http://www.shobi.ac.jp
  주요분야 ｜ 음악, 음향, 연극, 성우, 방송

- **동양미술학교** http://www.to—bi.ac.jp
  주요분야 ｜ 디자인, 일러스트, 만화

- **국제듀얼비지니스전문학교** http://www.ict—t.jp/tokyo
  주요분야 ｜ 관광, 호텔, 항공무역

- **요코하마디자인학원** http://www.ydc.ac.jp
  주요분야 ｜ 패션, 디자인, 일러스트

- **나카니혼항공전문학교** http://www.jinno.ac.jp/korean
  주요분야 ｜ 항공정비, 항공생산, 전자제어

4_ 국공립 사립 명문대학

국립 | **도쿄대학** http://www.u-tokyo.ac.jp

국립 | **교토대학** http://www.kyoto-u.ac.jp

국립 | **히토츠바시대학** http://www.hit-u.ac.jp

국립 | **도쿄예술대학** http://www.geidai.ac.jp

국립 | **오사카대학** http://www.osaka-u.ac.jp

국립 | **도쿄공업대학** http://www.titech.ac.jp

국립 | **도호쿠대학** http://www.tohoku.ac.jp

국립 | **츠쿠바대학** http://www.tsukuba.ac.jp

국립 | **나고야대학** http://www.nagoya-u.ac.jp

국립 | **고베대학** http://www.kobe-u.ac.jp

| 국립 | **큐슈대학** http://www.kyushu-u.ac.jp |

| 사립 | **와세다대학** http://www.waseda.jp |

| 사립 | **게이오기쥬쿠대학** http://www.keio.ac.jp |

| 국립 | **홋카이도대학** http://www.hokudai.ac.jp |

| 국립 | **오차노미즈여자대학** http://www.ocha.ac.jp |

| 국립 | **도쿄외국어대학** http://www.tufs.ac.jp |

| 국립 | **요코하마국립대학** http://www.ynu.ac.jp |

| 국립 | **히로시마대학** http://www.hirosima-u.ac.jp |

| 사립 | **죠치대학** http://www.sophia.ac.jp |

| 국립 | **치바대학** http://www.chiba-u.ac.jp |

| 국립 | **카나자와대학** http://www.kanazawa-u.ac.jp |

| 국립 | **오사카외국어대학** http://www.sfs.osaka-u.ac.jp |

| 국립 | **도쿄이과대학** http://www.tokyo-med.ac.jp |

| 사립 | **릿쿄대학** http://www.rikkyo.ac.jp |

| 사립 | **메이지대학** http://www.meiji.ac.jp |

| 국립 | **니가타국립대학** http://www.niigata-u.ac.jp |

| 사립 | **츄오대학** http://www.chuo-u.ac.jp |

| 사립 | **리츠메이칸대학** http://www.ritsumei.jp |

| 사립 | **호세이대학** http://www.hosei.ac.jp |

| 사립 | **아오야마학원대학** http://www.aoyama.ac.jp |

| 사립 | **가꾸슈인대학** http://www.gakushuin.ac.jp |

| 사립 | **니혼대학** http://www.nihon-u.ac.jp |

| 사립 | **문화여자대학** http://www.bwu.bunka.ac.jp |

| 사립 | **코쿠시칸대학** http://www.kokushikan.ac.jp |

| 사립 | **테이쿄대학** http://www.teikyo-u.ac.jp |

| 사립 | **우츠노미야교와대학** http://www.kyowa-u.ac.jp |

| 사립 | **레이타쿠대학** http://www.reitaku-u.ac.jp |

| 사립 | **레이크랜드대학** http://www.japan.lakeland.edu/ |

| 사립 | **갓스이대학** http://www.kwassui.ac.jp |

| 사립 | **바이코대학** http://www.baiko.ac.jp |

학교의 특징

- 트래블저널(Travel Journal)그룹이 운영
- 학교법인으로 동경도지사 인가교
- 8 레벨의 능력별수업 및 선택수업
- 레벨별 한자클래스 제도(학교교과서)
- 일본인 게스트들과의 교류수업
- 진학상담, 진학지도, 최신정보제공
- 일본어능력시험 및 일본유학시험 대책수업
- 다양한 교류활동 및 교내 행사실시

개설코스 및 입학시기

개설코스: 일본어과 1년, 1년 6개월, 2년코스, New 단기코스, 워킹코스
입학시기: 4월, 10월, 단기/워킹코스 (1월, 4월, 7월, 10월)

www.tjlc.co.kr   tjlc@tjlc.co.kr

Tel. 02-732-6588 Fax. 02-732-6587

〒164-0003 東京都中野区東中野 4-6-6

학교법인 트래블저널학원
동경일본어문화학교

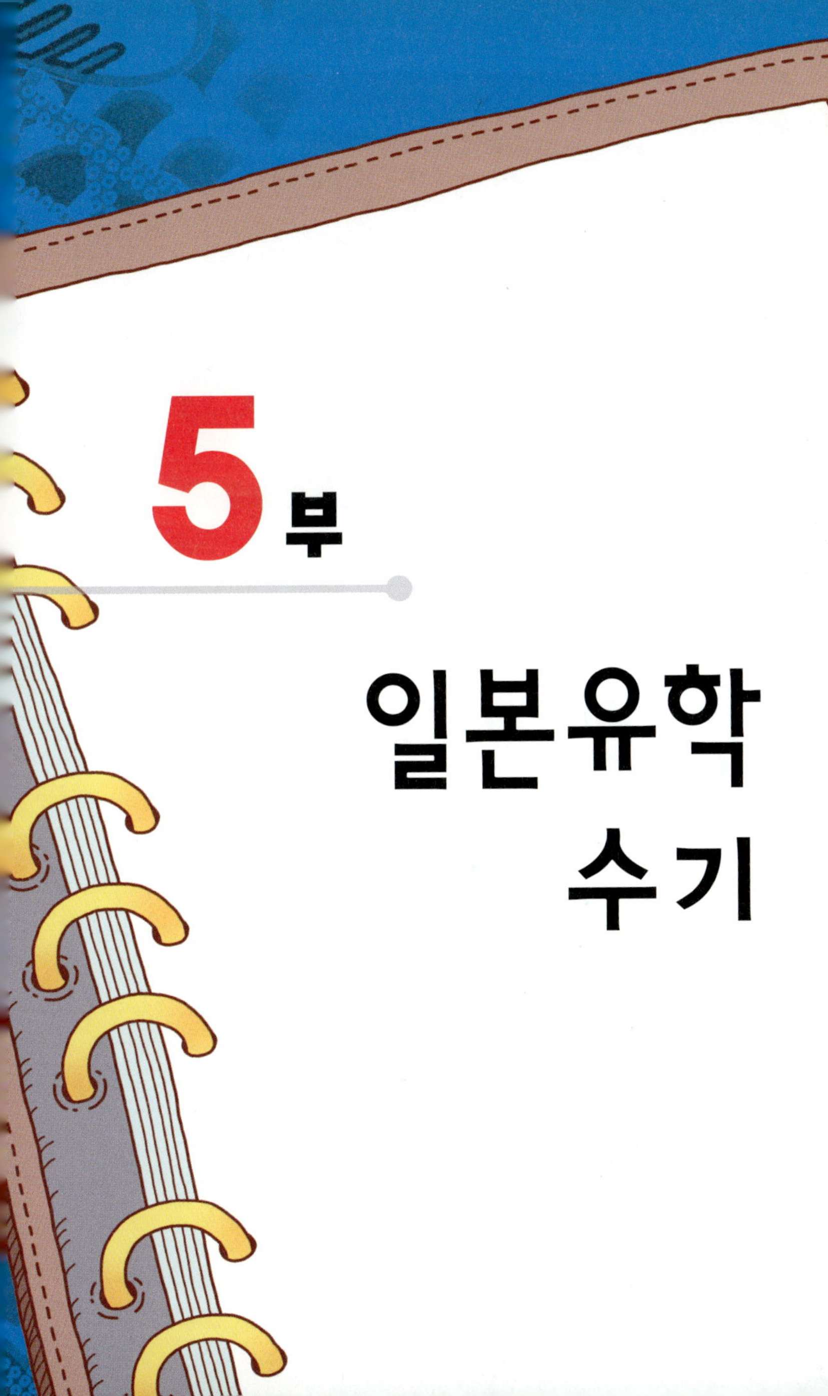
5부
일본유학
수기

나는 지금
너무 행복하다고 말하고 싶다

장민희

| 일본 동경 거주
| JCLI 일본어학교 재학중

한국에서 좋은 기회로 좋은 위치에 서게 되고 자리를 잡아가고 있을 때쯤 이런 생각이 들었다. 지금까지 살아오면서 과연 내가 원하고자 하는 것을 이루려고 얼마나 노력했는가, 그리고, 원하는 것을 얻어냈는가. 나름 노력도 했고, 남들보다 더 열심히 살아가고 있다고 생각했지만 항상 마음속에는 아쉬움이 남았다. 그 답답함을 풀기 위해 몇 달을 고민에 빠졌었고, 그 아쉬움은 바로 일본에 대한 아쉬움임을 알았다.

늦은 나이에 모든 것을 버릴 만큼의 용기가 나질 않았던 나는 그저 현실에 만족하려 했고 안주하려 했다. 남들처럼 결혼기에 시집가고 자식 낳고 평범한 주부로 살아가는 것도 나쁘지 않겠다는 생각을 하며 용기없는 자신을 합리화 시키고 있었던 것이었다.

나의 일본에 대한 동경은 사실 8년 전부터였다. 어렸을 때부터 일본유학을 하고 싶었지만 여러 가지 핑계를 대며 8년이란 시간을 보낸 것이다. 30대를 바라보고 있는 지금에 와서 갑자기 유학을 결정한 것처럼 보였는지 주위의 많은 사람들은 나를 말렸다. 물론 응원해 주는 사람도 있었지만 대부분의 사람들은 지금 가서 무엇을 하겠냐고, 지금의 자리를 버리는 게 아깝지 않냐고, 이해할 수 없다고.

내가 그들을 이해할 필요는 없었다. 그들에게 내가 왜 가야만 하는지에 대해 설명할 필요도 없었다. 나는 와야만 했고 그게 내 마음속 열정을 배신하지 않는 일이라고 생각했기에 일본행을 결심하고는 그 어떤 이의 말에도 흔들림 없이 진행하였다.

　지금 행복하냐고, 후회는 없냐고 묻는다면 나는 대답한다. 행복하다고. 후회없다고. 한국에서는 사실 그런 생각을 했다. 일본에 가서 무엇을 할까, 나의 목표는 어디일까? 목표를 세우기에 나는 일본을 너무 몰랐기에 직접 가서 정하기로 결정하고 왔다. 지금 나는 계획을 세웠고, 목표도 세웠다. 목표는 없으면 만들면 되고, 있다면 이뤄내면 될 것을. 그것 때문에 오래 고민할 필요는 없는 것 같다.

　지금 나는 다시 교복 입은 학생으로 돌아간 것 같은 느낌이다. 가방 안에는 화장품 가방 대신 노트와 책과 필통으로 가득 차 있고, 도서관 한 구석에서 머리를 질끈 매고 다른 이들과 함께 책에 묻혀도 보고, 신나는 음악을 들으며 자전거 페달을 밟고, 일본의 공기를 내 몸속 깊은 곳까지 느끼게 해 주는 시간들. 하루하루가 사실 너무 행복하다고 말하고 싶다. 물론 몸이 힘든 건 사실이지만 마음이 행복하다고 말하는데 그것보다 좋은 게 있을까?

　지금 가장 후회하는 것이 무엇이냐고 묻는다면, 한국에서의 좋은 일자리를 버린 것이 아니라 8년이란 시간을 그저 가고 싶다고 생각만 하고 실천하지 못했던 용기 없던 내 모습이라고 말하고 싶다. 그리고 일본유학을 고민하고 있는 이들에게 자신의 열정을 꺼내어보라고, 현실과 타협하는 것이 아니라 열정과 타협해 보라고 권유하고 싶다. 하고 싶은 것을 다하고 살기엔 인생이 너무 짧다. 짧은 인생이지만 행복한 인생이었다고 마지막 순간까지 생각되는 삶을 만들어 보는 게 사실 나의 새로운 목표다.

나는 한국에서 자넷코리아를 통해 일본유학을 하게 되었다. 유학을 결심하는 사람이라면 반드시 여러 유학원을 비교해 보고 자신에게 맞는 유학원을 선택하는 것이 일본유학의 첫걸음이라 할 수 있다. 그렇기에 신중해야만 했고 다행스럽게도 자넷코리아는 그런 나에게 딱 맞는 유학원이었다. 사장님 및 직원들 모두 친절하고 꼼꼼하게 서류신청서부터 체크해주셨고, 학교정보도 미리 팜플렛 등을 통해 충분히 알려주었다. 정보망이 빨라야하는데 여러 가지가 마음에 들었고, 원하던 일본어 학교도 아무 문제없이 들어가게 되었다.

내가 지금 다니는 곳은 타카다노바바역에서 10분정도 거리에 있는 JCLI라는 학교이다. 시설적인 면에서 무척 마음에 들었고 로비나 휴게실이 있어 편리하고 자습실도 8시부터 오픈하기 때문에 오후반인 나로서는 너무 유용하게 사용하는 곳이다. 수업진행도 예를 많이들어가며 응용력을 키울 수 있게 유도하여 쉽게 암기할 수 있고 응용할 수 있도록 해 준다.

또 다른 희망을 위해

이지이

- 일본 동경 거주
- 가수, 거북이 그룹
- JCLI 일본어학교 재학중

10년차 가수, 거북이, 랩 하는 지이. 모두들 나를 이렇게들 불렀다. 이것이 한국에서의 나의 모든 것이었다. 그러나, 스물아홉 살의 4월, 한 순간에 나는 모든 것을 잃었다. 터틀맨으로 세상에 알려진 오빠의 갑작스런 죽음은 내 모든 것을 한 순간에 앗아 갔다. 나에게 꿈을 심어주었던 오빠도, 돈도, 명예도 모두 잃었다. 그리곤 한 동안 다시 무언가를 욕심내거나 기대할 수 없었다. 노래하는 일 외에 또 다른 나의 삶을 찾기란 쉬운 일이 아니었다. 내가 뭘 하면 좋을 지, 뭘 하면 행복할 지, 앞으로 어떻게 해야 할 지에 대해서 고민하면서 눈물로 하루하루를 보내던 어느 날, 취미로 시작했던 일본어 공부로 인해 마음의 안정을 되찾기 시작했다. 그리고 그것은 또 하나의 희망의 시작이 되었다.

김대현 이사장님과의 인연은 나에게 열 일곱살 때 처음 노래를 시작하던 그 때와 같은 열정을 갖게 해 주셨다. 늦은 나이였지만, 더 늦기 전에 새롭게 시작할 수 있는 가슴 떨림과 용기와 자신감을 갖게 해 주셨다. 주저할 수 없었다. 갑작스런 15일간의 출국 준비, 1년 후의 후회없는 인생을 위하여 그렇게 나는 일본 행 비행기에 몸을 실었다.

일본에 온 지 어느덧 6개월. 눈 감고 다닐 수 있을 정도로 전철 노선을 외우고, 우리 학교 JCLI 에서 집까지 오는 길에 편의점이 몇 개 있는지, 모르는 간판을 공부하며 혼자 뿌듯해 하고, 생각보다 공부를 많이 시켜주는 어학교 덕분에 하루하루가 바쁘다. 늦게 공부를 시작한 터라 "아라시"를 좋아하는 어린 친구들과 함께 하면서 가끔 세대 차이를 느끼기도 하지만, 또 다른 삶의 재미를 맛보며 외로움을 달랜다.

공부만 하던 나에게 두려움은 한자도 작문도 시험도 아니었다. 회화가 무서웠다. 비행기에서 만난 일본인 친구들과 일본 현지에서의 한일교류모임에서 알게 된 일본인들 덕분에 일본어 회화에 대한 두려움을 조금씩 떨쳐내고 있다. 외롭지 않고, 힘들지 않고, 항상 즐거우며, 매일 매일 웃는다. 라는 거짓말은 부모님에게만 한다. 올 겨울, 서른 살의 나에게는 적당한 외로움과 적당한 스트레스, 그리고 조금은 힘들지만 씩씩하게 버티면서, 1년 후의 웃을 수 있는 나를 기약하며 지내고 싶다.

앞으로 얼마만큼 일본에 체류할 지 따위는 생각하지 않는다. 언젠가, 라는 마음으로 전념하고 있다. 일본어에 대한 욕심, 그 욕심이 채워질 때 즈음 시작될 또 다른 희망을 위해 적당한 스트레스로 생활을 조절한다. 외국어를 자유롭고 고급스럽게 구사한다는 매력과, 일본에서 보고 듣고 느낀 경험들을 활용하여 보다 성숙해진 나의 가수로서의 생활을 되찾길 꿈 꾼다. 내 나이가 걸림돌이 되었다는 핑계가 필요없을 정도로 이 곳 일본에서 또 다른 나를 찾을 수 있는 멋쟁이가 될 생각이다. 노력하면 이루어지리라는 것을 믿어 의심치 않는다.

일본유학, 그리고 일본에서의 직장생활

권혁창

- 일본 고베 거주
- 교토문화일본어학교 수료
- 리츠메이칸대학 이공학부 로봇공학과 졸업
- JAIST(호쿠리쿠첨단과학기술대 마테리얼사이언스연구과 졸업 (마이크로 머신 전공)
- (주)마이크론 테크놀로지 일본지사에서 반도체 엔지니어(연구원)으로 재직중

나에게 있어서 일본 유학은 나 자신을 크게 성장시켜준 기회였다고 생각된다. 부모님의 경제적 원조를 받으며 편히 공부하는 친구들도 있지만, 부모님께 의지할 형편이 되지 않았던 나는 스스로의 힘으로 유학을 해야 했다. 수면 시간을 줄이고, 일주일에 약 5개의 아르바이트를 요일별로 쪼개서 일하면서도, 끊임없이 쏟아지는 실습과 리포트 및 과제물을 소화해 내고. 지금 돌이켜 생각하면, 일과 공부라는 두 마리의 토끼를 동시에 잡기 위해 정말 힘들었던 하루하루를 보냈던 것 같지만, 지금은 내 기억 속에 좋은 추억으로 남아 있다.

나는 현재 일본에 있는 마이크론 테크놀로지(본사 : 미국)라는 반도체 회사에서 엔지니어(연구원)로 근무하고 있다. 입사를 해서 이제 4년이 지났지만, 아직도 배워야 할 것이 많다. 일본에서 직장에 다니는 분들이 일본내의 외국인 차별을 거론하기도 하지만, 우리 회사는 외국계 회사라서 그런지, 아니면 외국인 비율이 많아서 그런지, 차별을 거의 못 느끼고 지낸다. 아니 어쩌면 정말 차별이 없어서 그런 건지도 모르겠다.

일본내에서의 공대생의 취업은 선택의 폭이 상대적으로 넓다. 학부 졸업생은 거의 기술 영업 파트로 많이 빠지지만, 석사 졸업의 공대생은 연구직으로 가는 것이 대부분이며, 사원을 뽑을 때 국적과, 나이, 성별의 차별을 두는 회사가 거의 없다. 나는 33세에 회사에 신입으로 입사했는데도 입사 지원 시에 8개 회사에 지원하여 6개 회사에 합격했다.

일본의 회사와 한국의 회사를 비교하자면, 일본의 회사의 경우에는 내가 있고 회사가 있다는 생각을 많이 하는 것 같다. 즉,

나, 내 가족을 중요시 하고, 그리고 회사를 생각하지만, 한국의 경우에는 회사를 생각하고 가족을 생각하는 것 같다. 주 5일 근무제 역시 한국보다 실천율이 높은 것 같다. 전반적으로 봤을 때 일본에서의 취업은 한국에서의 취업보다 쉬웠고, 한국에서의 토익이나 배낭여행, 인턴과 자원봉사의 스팩이라면, 일본에서는 두 손 들고 환영한다. 이것이 일본에서 취업 시에 느낀 느낌이다.

많은 사람들이 "유학 = 공부"라고 말한다. 하지만 나는, "유학 = 인격성장"이라고 감히 말하고 싶다. 나에게 있어서의 일본유학은 하고 싶은 공부는 물론이고, 수많은 유명 인사와의 소중한 만남, 경제적 어려움을 극복할 수 있었던 슬기로운 지혜, 그리고 "나"라고 하는 주체성과 존재 의식의 확립, 가족의 소중함 등을 느끼게 해 주었다. 일본유학이 아니었다면 이루기 힘들었으리라 본다. 그런 생활이 있었기 때문에 지금의 내가 있다고 생각한다. 일본에 온 지 12년이 넘은 지금, 유학생 신분에서 직장인 신분으로 바뀌었지만, 지난 10여년을 돌이켜 생각했을 때, 일본유학을 오길 잘 했다는 생각을 수 없이 되뇌이곤 한다.

츠쿠바에서
스포츠의학을 공부하다

김동수

- 일본 츠쿠바 거주
- 동아대학교 체육학부 체육학과 졸업
- 후쿠오카일본어아카데미 수료
- 후쿠오카 TBCC 카이로프랙틱 전문학교 졸업
- 국립 츠쿠바대학 대학원 인간종합과학연구과 박사통합과정 2년차 (스포츠의학전공) 재학중

나는 일본 츠쿠바 대학 대학원에서 스포츠의학을 전공하고 있다. 나는 쉽지 않은 과정을 통해 일본에 유학하게 되었다. 나의 일본유학스토리를 여러분께 소개해 드리고자 한다.

나는 대학 졸업을 앞두고 진로문제에 대해 고민하던 중 한 선배님으로부터 "일본에 가서 스포츠의학을 공부해 보면 어떨까" 하는 조언을 받게 되었다. 평소에 일본에 대해 그다지 좋지않은 감정을 갖고 있었기 때문에 처음에는 남의 일처럼 느껴졌지만, 남들이 가지 않는 길에 대해 도전해 보고 싶다는 생각에 일본행을 결정하게 되었다. 그 선배님은 스포츠의학부문은 미국이나 일본 쪽으로 가야만 한다는 것도 알려주셨다. 그 당시 미국으로 가서 공부를 하려면 준비기간이나 유학비용이 만만찮게 들었기 때문에 나는 일본 쪽으로 방향을 잡았다. 그 선배님도 일본도 미국에 비해서 떨어지긴 하지만 기술적인 부분은 크게 쳐지지 않으니 열심히 하면 좋은 성과가 있을 것이라고 격려해 주셨다.

나는 그때부터 일본으로 가기 위해서 준비과정에 들어갔다. 그 선배님의 소개로 나는 부산 시 소속에 있던 곳에 트레이너로 일을 하게 되었고, 시간을 조절해서 오후부터 출근해서 밤에 일을 마치는 것으로 계약을 하고, 오전에는 일본어 학원에 새벽반을 끊어서 다니기 시작했다. 그 게 약 10개월을 준비해서 일본 후쿠오카로 출발을 하게 되었다.

일본유학카페 일유모를 통해서 후쿠오카에 있는 일본어학교를 소개를 받아서 설렘과 불안한 마음을 안고 후쿠오카로 가게 되었다. 그리고, 일본에 온 지 2주 만에 전문학교에 합격했다. 전문학교에 합격한 후에도 일본어학교에 무료 청강을 할 수 있게 되어서 나는 일본어 학교와 전문학교를 동시에 다니면서 일본생활에 적응해 갔다. 그리고, 전문학교 교장선생님의 도움으로 전문학교에서 스탭들을 위해 마련한 기숙사에 매우 저렴한 요금으로 입실할 수 있게 해 주셨다. 방값은 절반이고 위치는 후쿠오카 중심부였기 때문에 여러모로 편리한 생활을 할 수 있었다.

하지만 나의 시련은 여기서 시작이 된다. 전문학교에 합격한 후 비자를 신청하고 기다렸는데, 비자가 나오지 않게 되었던 것이다. 나중에 알고보니 그 전문학교는 법무성의 해외유학생에 관한 비자가 허가되지 않은 학교였다. 그 때 당시 입학금과 학비 등으로 천만 원 이상을 지불한 상태라 물릴 수도 없는 상황이었기 때문에 더욱 난감했다. 전문학교에서도 이러지도 저러지도 못하는 상황이 되어 나는 어떻게 해야 할 지 망설였다. 하지만 이왕 하기로 했고 학비도 지불한 상황이라 나는 3개월 관광 비자를 이용해서 왔다 갔다를 반복하는 정말 있을 수 없는 유학생활을 하게 되었다. 물론 재입국할 때는 학생증과 재학증명서 그리고 학교선생님의 명함 등을 지참해서 학교와 연락이 될 수 있게 나름의 대책을 세워가면서 한국과 일본을 왔다 갔다했다.

나의 일본생활은 정말 말로 다 표현하기 어려울 정도로 힘든 생활이었다. 유학비자도 없었고 금전적으로도 거의 한계상황에 봉착해 갔다. 그러던 중 일유모의 도움을 받아 워킹홀리데이 비자를 신청하게 되었다. 당시 주변 사람들은 모두 다 부정적으로 얘기했다. 즉 일본에 가는 목적이나 객관적 상황으로 볼 때 워킹홀리데이 비자를 받기가 어려운 상황이라고 했다. 그러나, 나

에게는 인생이 달린 문제였기 때문에 워킹비자에 매달려야 했
다. 나는 포기하지 않고 학교활동 등에 대한 내용들과 사진을
첨부하여 계속 접수한 결과, 마침내 세 번째 신청에서 합격하게
되었다.

나는 전문학교에 재학 중일 때 지금의 한국인 아내와 결혼을
했다. 결혼을 하고 졸업을 앞두게 되니 다시 한번 진로에 대해
깊은 고민을 하게 되었다. 왜냐하면 전문학교를 나오는 것만으
로는 스스로가 만족하지 못했기 때문이다. 전문학교 졸업만으
로는 스포츠의학 부문의 전문가라고 하기에는 많이 부족하다고
생각했다. 이대로 한국으로 돌아가게 되면 일본어 외에는 건질
것이 없다는 생각에 잠 못 이루기도 했다.

대학원 과정을 알아보던 중 츠쿠바 대학 대학원에 스포츠의학
전공이 있다는 것을 알게 되었다. 나는 일본 내에서 제2의 유학
을 하기로 결심하고 전문학교 졸업 후 츠쿠바 대학 대학원에 연
구생과정으로 입학하게 되었고, 지금은 스포츠의학 박사통합과
정에 재학 중이다. 전공이 스포츠 의학이다 보니 한국의 스포츠
선수들이 일본에 오면 자연스레 통역을 맡게 되곤 한다. 2009
년 일본에서 개최된 WBC(월드베이스볼클래식)에서는 행사기
간 내내 한국 측 선수단 통역을 담당했고, 평소에는 일본의 유
도 국가대표들의 몸 관리에 대해서도 시간이 날 때마다 도와주
고 있다.

나의 도전은 아직도 진행 중이다. 물론 시행착오도 있을 수 있
겠지만 나는 그런 시행착오가 전혀 두렵지 않다. 두려운 것은
도전할 수 있을 때 도전하지 못하고 물러서는 마음이라고 생각

한다. 나는 앞으로 하고 싶은 것들이 너무나 많다. 그 안에는 공부도 있고, 일도 있고, 여러 가지 활동도 있다. 아직 여건이 되지 않아서 하고 싶어도 못하는 일들이 너무 많다. 그래서 더 의욕적이고 적극적인지는 모르겠지만 서두르지 않고 차근차근 해 나가려고 한다.

지금 한국에서 유학을 준비하고 계시는 분들이나 유학을 시작한 지 얼마 되지 않으신 분들이 이 글을 보고 계신다면 한 말씀 드리고 싶다. 절대 포기하지 말고 앞을 향해 전진하라고. 그리고 모든 걸 혼자서 하려고 하지 말고 길이 막히면 주위에 도움을 청하라고. 외국에서 공부할 때 그 언어뿐만 아니라 문화도 잘 흡수할 수 있는 이해력과 여유를 가졌으면 한다. 물론 그런 과정에서 마찰이 있고 거부감이 있고 잡음이 있겠지만 그걸 두려워한다거나 처음부터 피하려 하지 말고 맞서서 이겨내고 돌파하면 더 큰 의미의 유학생활이 될 것이라고 확신한다. 유학준비생 여러분들의 파이팅을 기원하면서.

내 인생 최고의 순간

이찬규

| 일본 동경 거주
| 동경갤럭시일본어학교 재학중

인생에 있어서 서른 살이 갖는 의미는 너무 무거웠다. 계획 없이 살던 나는 서른이 되어서 내 인생을 되돌아보게 되었고, 내가 이루어놓은 것도, 목표도 없는 참 무의미한 인생을 살고 있다는 것을 깨닫게 되었다. 무엇을 열심히 해 본 적도 없고 무언가에 열정을 쏟을 만큼 빠져 본 적도 없는 참 따분한 인생! "이건 아니다!"라는 생각이 머릿속을 떠나지 않았고, 나중에 후회가 없도록 내 인생을 만들어 가보고 싶다는 생각이 들었다.

한국에서도 공부는 충분히 할 수 있었다. 그렇지만 뭔가 특별한 것 그리고 무엇인가를 확실하게 공부하고 싶었다. 그래서 결심한 일본유학! 일본은 여행으로도 가본 적이 없는 미지의 나라였지만, 어학연수 경험이 있는 누나의 도움으로 준비를 하게 되었다. 결정과 동시에 학원을 등록하고 히라가나부터 공부했다. 출국까지 남은 5개월 동안 필사적으로 일본어를 공부했고 일본으로 들어온 후 한 번도 밟아보지 않았던 나라의 문화에 적응해 가며 생활 하고 있다.

처음 공항에 도착했을 때의 그 두려움, '일본인과 말 한마디 해본 적 없는 내가 이 땅에서 과연 잘 해낼 수 있을까?' 라는 두려움도 많았지만 그만큼 기대도 커졌다. 평생 처음으로 무언가에 도전하여 싸우고 있는 내 자신이 너무도 자랑스러운 순간이었으니까. '그래, 부딪혀 보자, 후회 없이 노력해 보자, 새로운 인생을 개척해 보자' 라고 나 자신과 약속을 했다.

일본에 온 지 5개월이 넘어가는 지금, 나에겐 정말 많은 변화가 있었다. 히라가나부터 시작한지 1년도 채 안 되는 지금 나는 일본인과 대화를 하고 한자를 읽고 아르바이트를 하고 있다. 아직 가야 할 길이 멀지만 변화하고 발전해 가는 내 모습이 너무나 자랑스럽다. 그리고 한국에서 회사를 다닐 때와 비교하면 시간적으로 여유가 많아 나의 유일한 취미생활인 사진촬영을 맘 놓고 할 수 있다는 사실!! 휴일엔 일본의 이곳 저곳에 가서 한국에서는 결코 볼 수 없는, 절대 찍을 수 없는 사진들을 찍을 수가 있어서 정말 행복한 나날들을 보내고 있다.

아직 시작단계에 있고 가야 할 길이 멀다. 서른이 넘은 나이에 너무 늦었다고 사람들은 이야기 하지만 나는 아직 늦지 않았다고 아직 시간은 많고 앞으로 가능성이 충분하다고 생각한다. 포기 하고 후회하는 쪽보다 해보고 무언가를 얻는 쪽을 택했다. 이곳에서 할 수 있는 것은 무엇이든 다 해보려고 한다. 그리고 나서 제 인생의 방향을 다시 한번 조정해 보려고 한다. 처음이자 마지막이 될 유학생활. 내 인생의 변화는 앞으로 노력의 시간에 비례해 달라질 것이라 생각해 본다.

일본 유학생활에서 가장 중요한 것은 일본어 실력이 아니라 긍정적인 생각이라 생각한다.
사실 일본 유학 중에 육체적으로 정말 견디기 힘든 일도, 심적으로 정말 괴로운 일도 많다. 그럴 때마다 포기하거나 좌절하지 않고 긍정적인 생각으로 다시 도전해 보고 노력해 보는 것이 중요하다. 나는 아직 5개월 차 초보 유학생이지만 지금까지 어렵다고 포기한 적은 없으며 노력에 노력을 거듭한 결과 아직까지 불가능했던 것은 없었다. 이렇게만 한다면 일본 유학에서 실패라는 녀석은 만날 수 없다고 믿는다.

그리고 친구들 만나서 한국어로 이런 저런 불평불만을 늘어놓으며 수다를 떨 만큼 우리들은 한가한 사람들이 아니다. 그 시간에 일본 드라마 한편을 더 보고 일본 친구가 있다면 그 친구들에게 일본어로 문자 한 통을 더, 한자 한글자라도 외우는 편이 좋다. 꼭 한국인 친구들을 만나야 한다면 이것 하나만은 지키는 것이 좋다. '가능하면 한국어 절대 쓰지 않고 일본어로 대화하기'.

언젠가 유학원을 방문했을 때 원장님께서 나에게 말씀해 주셨다. "일본유학의 승패는 시간활용에서 좌우된다고……." 혹시나 일본어 학교가 오후반이신 분들, 워킹 홀리데이로 오셔서 밤과 낮이 반쯤은 뒤바뀐 채 생활 하시는 분들 약간은 위험하지 않을까 생각된다. 늦게 자고 늦게 일어나는 한국식 백수 생활 패턴을 가지고 있는 것은 절대 금물이다. 할 일이 너무 많아서, 공부가 너무 밀려서 늦게까지 무언가를 해야 할 상황이라면 일찍 자고 일찍 일어난 후 하는 쪽을 선택하는 게 낫다고 본다. 게으름은 일본 유학생활에서 가장 무서운 적이다. 아침에 할 수 있는 아르바이트를 찾아서 하는 것도 좋은 방법이다. 저도 한동안은 게으름에 빠져 있었지만 요즘에는 아침 6시에 기상해서 M 패스트 푸드점에서 오전 아르바이트를 하고 일본어학교에 오후반 수업을 간다. 그 결과 하루가 2배 이상 길어 졌으며, 금전적인 여유도 시간적인 여유도 풍부해지는 결과가 찾아왔다.

이 시간에도 일본에서 열심히 생활하고 계신 한국 유학생 여러분들에게 힘찬 박수와 응원을 보내며 모두가 원하는 꿈 이루시길 바라며, 일본 유학이 자신의 인생에서 최고의 순간이 되기를 기원해 본다. 지금 일본 유학을 생각 중이시라면 망설이지 말고 도전하시길 바란다. 일본에는 한국에선 볼 수 없는 새로운 세상, 신기하고 멋있고 재미있는 순간이 여러분을 기다리고 있다.

일본에서의 대학 생활

허 정

- 일본 동경 거주
- 후타바외어학원 수료
- 학습원대학 경영학과 2학년 재학중

나는 치바에 있는 후바타외어학원으로 어학연수를 왔다. 유학 지역을 치바로 정한 이유는 집세가 저렴하고 주위 환경이 쾌적하기 때문이다. 물가도 저렴한 편이고 알바 자리도 도쿄에 비해 큰 차이가 없고, 도쿄 시내까지 전철로 50분 정도면 갈 수 있다는 점도 마음에 들었다. 일본에서 생활해 보신 분들은 아시겠지만 집세는 유학 생활에서 매우 큰 영향을 끼치는 항목이다. 도쿄에서 보통 월세 6만 엔 이상 하는 집이 치바에서는 3~4만 엔 정도면 구할 수 있으니까.

후타바외어학원은 어학교 중에서 상위권이 아닐까 생각된다. 선생님들도 상당히 열의가 많으시고, 위치도 치바 시내에 있어서 주위에 알바자리나 편의시설이 많이 있는 지역이어서 후배 분들에게도 적극 추천하고 싶다.

2년간 후타바외어학원에서 일본어를 공부한 후, 도쿄에 있는 학습원대학에 입학하게 되었다. 학습원대학은 사립대이면서도 학비가 국립대와 비슷하게 저렴한 편이라는 점도 입학을 결심하는 데 중요한 요소가 되었다. 실제로 일본유학시험(EJU) 장학금 월 48,000엔과 알바를 통해 일본유학 경비를 대부분 스스로 해결하고 있다.

대학에 다니면서 한 가지 재미있는 것은 일본의 대학에서는 학년만 같으면 나이는 전혀 상관하지 않고 무조건 친구로 지낸다는 사실이다. 27세인 나도 마찬가지이지만 29세의 한국인 형도 스무살 짜리 일본 친구들하고 야자하면서 잘 지내고 있다. 이런 문화가 처음에는 좀 황당했는데 익숙해진 후로는 거리감도 안 느껴지고 나쁘지 않은 것 같다.

유학생활을 하면서 본인이 달라졌다고 느끼는 점은, 꿈이 없던 시절보다는 훨씬 자신감이 붙고 무엇보다 목표를 향해서 열심히 하는 것이 즐겁다는 점이다. 나는 일본에서 경영학을 공부하고 일본의 유명 식품회사의 아르바이트나 인턴십 등으로 실무경험을 쌓고 그러한 경험을 통해 일본의 경영시스템과 물류관리시스템에 대해서 배우고 싶다. 그리하여 장래에 기업인으로서 한일 양국의 관계에 조금이나마 도움이 되고 싶다.

7

나의 일본워킹홀리데이 생활

백윤주

- 일본 동경 거주
- JCLI 일본어학교 수료
- 일본워킹홀리데이 체류중

중학교 제2외국어 시간에 처음 접했던 일본어는 공부를 할수록 문화도 함께 알고 싶어지는 흥미로운 언어였다. 단 한 번도 일본어는 전교 순위를 놓친 적이 없을 정도로 열심히 공부했고 그 시간이 즐거웠다. 고등학교에 진학해서 다시 만난 일본어는 한층 수준이 높아졌지만 그 높아진 수준을 놓치고 싶지 않을 정도로 매력이 있었다.

당시 수업시간에 선생님께서 소개해 주신 '고쿠센'이라는 드라마는 내가 처음으로 본 일본 드라마였다. 우리나라와는 확연히 다른 일본 드라마는, 그 당시 PD를 꿈꿨던 나에게는 신선한 충격이었다. 워낙 어릴 때부터 방송에 관심이 많았고, 우리나라 방송에 대한 자부심이 강했던 나에게는 예전부터 논란이 되었던 한국의 일본 방송 표절 건은 일본의 방송은 전혀 본 적도 없으면서 무조건 부정만 해왔던 사항이었다. 그러나 그렇게 알아가기 시작한 일본의 방송 세계는 내가 생각한 그 이상의 무언가를 담고 있는 보물섬이었다. 문화에 끌려 마스터한 방송의 리스트가 쌓여갈수록 일본 그 자체에 대한 갈망도 함께 쌓여갔다.

특히나 일본어는 사소한 단어 하나하나에 그 문화가 담겨있는 언어라고 생각하기 때문에 책상 앞에 앉아 공부를 하는 것만으로는 문화에 대한 직접적인 호기심을 충족할 수 없었다. 그 호기심을 방송을 통해 간접적으로만 경험해 오던 내가 더욱 일본행을 결심하게 된 이유는 바로 '문학'이었다. 방송을 보면서 자연히 익히게 된 언어를 바탕으로 문학책을 접한 나는, 통·번역에 대한 무한한 매력을 알게 되었다. 다른 나라의 언어를 자신의 모국어로 옮기는 과정에서, 자신이 알고 있는 그 나라의 문화와 특성을 한껏 살려 문장 속에 스며들게 하여 읽는 이로 하여금 자연스럽게 그 문화를 이해하게 할 수 있는 즐거움이 가득했다.

일본인 친구들과의 메일을 주고받는 과정에서도 그러한 느낌은 언제나 살아있었다. 그들이 그냥 던진 말 한 마디에 담긴 내가 알 수 없는, 경험하지 못한 그들만의 문화를 공부해 나가는 과정이 무척 즐거웠다. 또한 학교주최로 열린 한국어를 공부하는 일본인들과의 간담회에서 만나게 된 어머니 또래의 일본 분들과도 국경을 넘어 통하는 언어를 계기로 친구가 되어 그들과 서울의 이곳저곳을 둘러보며 우리나라를 소개하고, 문화를 이야기하는 시간은 나에게 무척이나 소중하고 의미 있는 것이었다.

약 1년 동안의 농도 있는 일본어 생활 속에서 '언젠가는 가고 싶다.'는 생각이 항상 자리하고 있던 차에, 집에도 큰 부담을 주지 않고 제약되지 않은 일본생활을 경험할 수 있는 기회가 워킹홀리데이 제도라는 추천을 받고 일본행을 결심하게 되었다.

처음에 왔을 때는 모든 게 낯설었지만, 나는 회화에 흥미가 있었기 때문에 어디 가서든지 무언가 물어보는 것을 창피하게 생각하지 않았다. 단순히 지하철 하나를 타도 못 읽는 한자가 있으면 역무원이나 주변 사람들에게 묻기도 하고, 길을 찾을 때도 지도를 보는 것 보다 지나가는 행인에게 묻기를 반복했다. 점점 동네 주변의 지리도 익숙해지다 보니, 가끔은 오히려 내가 누군가에게 길을 가르쳐 주게 되기도 한다.

지금은 월~금 오전에는 어학교 수업, 수업이 끝나면 집에 잠깐 들러 점심 식사를 해결하고, 곧장 아르바이트로 향해서 저녁쯤에 일이 끝나고 집에 돌아와서 내일 학교 수업 준비나 집안일, 친구들과의 약속 등으로 시간을 보낸다. 특히 요즘은 일본 생활을 기록하는 블로그와, 좋아하는 책을 번역하는 일에 꽤 많은 시간을 투자하고 있다.

일본은 교통비가 워낙에 비싸기 때문에, 초반에 지리를 모를 때만 전철, 지하철, 버스 등을 이용했고, 지금은 비가 오지 않는 이상, 학교, 아르바이트 등은 모두 자전거를 이용하고 있다. 학교가 생각보다 멀지 않을까 하고 걱정했지만, 아침 30분 정도의 자전거 이용은 적당한 운동도 된다는 생각에 기분 좋은 등교를 하고 있다.

주말은 주로 다음 주 학교에서 있을 한자 시험이나, 단원 테스트의 공부 혹은, 시내 외출, 자전거를 타고 동네 주변 산책하기, 일주일 간의 생활을 블로그에 정리하는 등의 일로 시간을 보낸다. 일본에 오기 전, 대학교 프로그램에서 알게 된 일본인 지인과의 꾸준한 만남도 이어가고 있다. 한국인 친구들과는 학교에서 만나는 일이 전부여서, 밖에서 일본인 친구들을 만나거나, 아르바이트를 하고 집에 돌아오면, 하루 종일 일본어로만 대화한 날도 있어서 룸메이트와 한국어로 대화하는 게 어색하게 느껴질 정도의 일도 있다.

얼마 전에는 월급과 초기 자금으로 준비 해 온 돈을 아껴서 홀로 1박 2일 간의 짧은 여행도 다녀왔다. 조금 이르지만, 연말이 되면 성수기가 되어서 비행기 값이나 숙박비가 비싸질 것을 대비해서 삿포로 여행을 다녀왔는데, 태어나서 처음으로 혼자 한

여행이 이렇게나 멀리, 외국에서 이루어 질 줄이야. 굉장히 신선한 경험이었고, 몇 번이고 더 해보고 싶은 생각이다.

　일본으로의 워킹을 결정하게 된 이유가 그랬듯이, 여전히 나는 방송 일에 대한 갈망이 있다. 내가 하고 싶은 일은 많은 사람의 공감을 얻는 방송을 만드는 것이다. 요즘 같은 다원화 시대에 다양한 취향과 다양한 색깔을 가진 사람들을, 내가 만든 무언가로 모여들게 하고 감정을 공유하기는 쉽지 않은 일이라고 생각한다. 그럴수록 내가 속한 좁은 사회에서 우물 안의 개구리가 되는 것 보다 많이 어설프고 부족하더라도 넓은 곳으로 한 발 씩 내 딛어 보는 것이 중요한 과정이 될 것이라고 생각한다.

　지금의 일본 생활도 나중에 내가 그 꿈을 이루었을 때, 분명히 큰 자산이 될 것이라 믿고 있다. 누구나 쉽게 경험할 수 있는 일은 아니라고 생각하고 있으니까. 생각만 한다고 해서 이루어지는 일도, 행동만 앞서서 이루어질 수 있는 일도 아니라고 생각한다. 꾸준히 바라오고, 생각해 왔던 일에 대해 용기 있게 손을 뻗었을 때, 비로소 내가 그린 꿈에 한 걸음 다가간 것이라 생각한다. 나는 지금 대단한 일을 하고 있는 것도, 큰 일을 이루어낸 것도 아니지만, 이루어 낼 수 있는 큰 걸음을 내딛었다고 스스로를 칭찬하고 있다.

　사실 일본에서의 생활이 마냥 즐겁고 꿈같고 행복하기만 한 것도 아니지만, 한국에서 다시 마주해야 하는 현실에서 살짝 비껴서 있는 안도감이 없는 것은 아니다. 일 년간의 워킹 생활이 끝나고 다시 한국으로 돌아가면 당장 해결해야 할, 학교 졸업이나 또 다시 적응해야 할 한국 생활에 대한 두려움도 있다. 하지

만 지금 내가 이 곳에서 경험하고 있는 하루하루의 새로운 일들
이 쌓여서 다른 누군가에게 있어 당당하게 내 놓을 수 있는 결
과물의 큰 밑천이 될 것이라 생각한다.

아이시떼루 니뽄

신용욱

- 뉴질랜드 오클랜드 거주
- 부산 국제교등학교 수료
- 뉴질랜드 킹스웨이하이스쿨 재학중

내가 '일본' 이라는 나라에 관심을 가지고 좋아하게 된 건 엄마의 영향이 정말 크다. 고등학교 일본어 선생님이신 엄마 덕에 어릴 때부터 일본 노래와 일본 애니메이션을 접할 기회가 많았고 다양한 문화 콘텐츠를 접하며 일본에 대한 관심을 키우게 되었다. 특히 '미야자키 하야오' 의 작품들을 많이 보여주셨는데 정말 좋아해서 꽤 여러 번 봤던 거 같다. 그리고 일본노래를 들으면서 따라 부른 가사는 아직까지 머릿속에 남아있다. 그렇게 어려서부터 자연스럽게 일본의 것들을 받아들이면서 일본을 좋아할 수 있게 된 것이다.

하지만 초등학교에 입학하면서 우리나라의 역사를 배우고 일제강점기 시절, 시련과 억압을 받은 우리 민족의 고난을 알고 나니, 보통의 사람들처럼 나도 일본을 부정적으로 바라봤고 적대심마저 가지게 되었다. 그러다가 초등학교 3학년 때 처음으로 엄마를 따라 일본여행을 하게 되었는데, 내 눈으로 직접 일본을 보고 일본 사람들을 만나보니 그런 부정적인 생각들이 다 사라져 버렸다. 한 번의 여행으로 일본이 정말 좋아지게 된 것이다. 그 이후로도 엄마는 방학만 되면 일본의 여러 장소를 데려가 주었다. 그렇게 몇 번 일본을 여행하는 동안 커서 꼭 외국을 자주 왔다 갔다 하는 직업을 가져야겠다는 목표와 꿈이 생겼고 관광가이드나 캐빈 어텐던트를 꿈꿨었다. 하지만 엄마의 주변 사람들은 그 직업들을 별로 권하지 않았고, 또 몇 번 더 여행한 후에는 외교관이라는 직업을 알게 되었는데 그 꿈은 한동안 정말 오래갔었다.

그러다가 어느 순간 패션에 관심을 가지게 되면서 지금은 패션계 직업 쪽으로 마음을 돌렸다. 패션에 관심을 가지게 되고

부터는 잡지나 TV, 인터넷 등 여러 미디어를 통해 도쿄를 접하면서 도쿄에 정말 가고 싶어졌다. 그러던 중 마침 도쿄에서 한 달동안 연수를 받게 된 엄마 덕에 아빠랑 동생이랑 같이 도쿄를 가게 되었다. 그렇게 지금까지 16번 정도 일본을 왔다 갔다 하면서 여러 도시를 여행했고, 가족 여행뿐만 아니라 혼자서 가기도 했고 국제적인 행사 참여 등 여러 목적으로 다양하게 일본을 느끼며, 나는 일본을 정말 좋아하게 되었다.

보통 자기가 좋아하는 나라에 대해 관심을 갖게 되면 언어나 문화 등 다양하게 공부를 열심히 하는 사람들이 많은데 나는 내가 일본을 좋아하는 만큼에 비하면 일본어 공부를 많이 하지 않은 것 같다. 그런데 엄마가 즐겨 보던 일본 드라마가 재미있어 보여서 일본 드라마를 따라 보기 시작했는데 우리나라 드라마랑은 뭔가 다른 신선한 맛에 빠져 어느새 일본 드라마의 팬이 되었다. 볼 때마다 밀도 있게 이어지는 스토리에 빠져들었고, 드라마의 배경으로 내가 가본 곳이 나오기라도 하면 정말 반갑고 내가 좋아하는 일본의 패션도 접할 수 있는 등 무엇보다도 일본의 문화를 이해하는데 많은 도움이 되었다. 그리고 우리나라 드라마에 비해 전체적인 색깔이 아름다워 눈도 즐거웠다. 드라마를 보면서 일본어에 대한 감각을 키울 수 있었고 자주 등장하는 표현들은 자연스럽게 익힐 수 있었다. 그리고 짧은 기간이었지만 일주일 동안 일본에서 홈스테이를 하면서도 생활에서 쓰이는 표현들을 많이 배울 수 있었다. 여행 중에서는 길을 물으면서도 기본적이지만 몰랐던 단어들을 배울 수 있었다.

그렇게 일본어를 자연스럽게 익히며 배우다가 일본어를 제대로 공부한 건 부산국제고에 입학하고부터였다. 나는 내가 좋아하고 하고 싶어 하는 분야만큼은 최고가 되려고 정말 집중해서 하는데 학교에서 일본어라는 과목이 정말 좋아 일본어는 1등급을 놓치지 않으려고 열심히 공부했다. 결국엔 1학년 말에 1등으로 1등급을 받았다. 그게 유일한 1등급이긴 했지만^^. JLPT도 도전해 보고 싶어서 4급은 너무 쉽다는 얘기를 듣고 3급을 접수하고 학교 일본어 공부를 하면서 틈틈이 JLPT 공부도 했는데 문법공부에 도움이 많이 됐다. 그런데 바쁘기도 했고 정말 하고 싶을 때만 틈틈이 해서 그런지 결국 4급까지만 공부하고 3급은 거의 공부를 하지 못했다. 다행히 시험은 턱걸이로 합격했다.

지금은 국제고 1학년을 마치고 뉴질랜드에서 학교를 다니고 있다. 원래는 방학 동안 두 달간 머무를 계획이었는데 국제고를 다니면서 내 영어의 부족함을 알았고 유학도 하고 싶었던 터라 새로운 곳에서 학교를 다니며 공부하고 싶은 마음에 계속 있기로 결정했다. 여기서도 선택과목으로 일본어를 하고 있는데 제일 높은 학년 반에서 트로피를 받으려고 열심히 일본어를 공부하고 있다.

앞에서 잠시 언급했듯이 나는 패션에 관심이 많다. 중학교 때부터 세계의 패션 사이트를 돌아다녔는데, 일본사이트에 가면 히라가나보다 카타카나가 훨씬 더 유용하다는 걸 깨닫고 혼자서 학교에서 틈틈이 카타카나를 외웠다. 좋아하는 패션사이트의 카타카나를 읽다 보니 처음엔 빨리 안 읽어지고 눈에 잘 들어오지도 않던 카타카나가 익숙해져 좀 있으니 잘 읽을 수 있게 되었다. 웹사이트를 많이 돌아다니고 잡지를 읽으면서 자주 접했던 패션과 디자인의 도시, 도쿄에 정말 가보고 싶어졌다. 그러다가 마침 중학교 2학년 겨울방학 중 엄마 연수 중에 엄마가 도쿄에 올 기회를 주었다. 도쿄에 가면 쇼핑을 정말 많이 하고 싶었기에 그동안 모아둔 12만 엔 정도를 들고 도쿄에 갔다. 여러 패션 샵을 돌아다니면서 이것저것 쇼핑했는데 그렇게 많은 돈을 짧은 기간에 다 쓴 건 처음이었다. 그 때 산 물건들 중에 어떤 건 2년이 지난 지금까지 잘 쓰고 있는 것도 있고 충동구매로 몇 번 사용하고 싫증난 물건들도 많았다. 그때의 쇼핑 시행착오를 겪으며 많은 것을 배웠기에 그 후로 일본 쇼핑을 후회 없이 즐길 수 있었다.

처음 가본 도쿄는 정말 듣던 대로 패셔너블했고 나를 무척이나 끌리게 하는 도시였다. 그 해 여름 샤넬 모바일 아트 전시회가 도쿄에서 열린다는 소식을 듣고 꼭 다시 가고 싶어져서 학교 시험 2주전, 비행 편을 예약했다. 그런데 막상 홈페이지에 가보니 내가 가는 날짜에 티켓이 매진되어 도쿄 현지에서 편의점 예약을 해야겠다는 희망을 가지고 계획대로 혼자 도쿄로 갔다. 도쿄에서도 티켓을 구하려고 노력해봤지만 결국엔 티켓을 구할 수 없었다. 그래서 샤넬 전시회는 마음을 접고 혼자 도쿄의 여러 지역을 돌아다니며 다른 전시회도 보고 여러 패션스트릿에서 쇼핑도 즐기고 도쿄의 패션 피플을 마주치며 도쿄를 즐겼다. 혼자 간 도쿄가 정말 좋아서 꼭 도쿄에서 살아보고 싶다고 생각했다. 자주 일본에 가고 일본을 접하니 '니뽄 스타일'이 정말 좋아졌다. 지금 현재 내 꿈은 패션에디터나 스타일리스트인데 도쿄의 문화복장학원이나 동경모드에서의 유학을 꿈꾸고 있다.

지금 뉴질랜드에서 영어를 공부하는 동시에 일본어를 공부하고 있는데 일본인 선생님이 잠시 와 계셔서 애기도 하고 하니 일본어가 더 공부하고 싶어져서 도쿄로 떠나고 싶은 마음이 잠시 가득했었다. 화려한 도시를 더 좋아하는 나로서는 도쿄 쪽이 더 마음에 들기도 하고. 뉴질랜드에서 일본어를 공부하면서 느낀 것은 일본의 이웃나라, 한국에서 온 내가 뉴질랜드 아이들보다 일본어를 공부하는 데 유리한 점이 많다는 것이다. 제대로 일본어를 공부한 건 고등학교 1학년 때가 전부인 나보다 시간적으로 공부를 많이 해서 그런지 뉴질랜드 아이들이 문법이나 단어는 많이 알아도 일본에 많이 노출된 내가 감각과 발음은 더 좋은 거 같다. 선택과목으로 일본어를 하고 있고 매일 수업이 있어 일본어를 꾸준히 공부할 수 있어서 정말 좋다. 영어와 일본어를 어느 정도 잘 말하게 되면 다른 외국어도 빨리 시작하고 싶다. 어릴 때부터 언어에 대한 욕심이 정말 많아서인지 스페인어, 프랑스어, 아랍어도 공부하고 싶은 마음이 크다. 그래도 지금 한창 트렌드인 중국어는 예전부터 발음이 듣기 싫어서 끌리지 않았는데 그에 비해 일본어는 발음이 예뻐서 정말 듣기 좋은 것 같다.

일본을 정말 좋아해서 가끔씩 친구들한테 장난으로 친일파, 매국노 소리를 듣기도 했지만 그런 소리를 들을 정도로 일본과 그 문화를 좋아하는 게 내게 익숙해져 버린 것 같다. 앞으로도 일본을 더 많이 알고 싶고, 내가 아직 가보지 못한 일본의 여러 지역들을 여행하고 싶다. 그리고 정말 중요한 것, 아시아 패션의 중심, 도쿄의 패션스쿨에서 유학하고 싶은 내 꿈을 이루는 그 날을 위해 오늘도 열심히 일본어를 공부한다.

'아이시떼루, 니뽄.'

더 큰 꿈을 향해

성혜영

- 동경 타마가와일본어학교 수료
- 사이버 한국외대 일본어과 3학년 재학중
- 후루카와 전기공업 주식회사
  안테나개발부 기구설계 연구원 재직중

남들보다 빠른 21살, 휴대폰 안테나 설계를 하던 나는 우연히 일본 핸드폰 설계를 하며 자연스럽게 일본을 접하게 되었다. 처음에는 무작정 일본 도면을 해석하고 커뮤니케이션이 자유롭게 되길 바라며 일본어 공부를 하던 것이 조금씩 욕심을 내어 전자제품의 최고였던 일본에서 설계를 하고 싶다는 꿈을 가지고 무작정 일본 유학을 결심하게 되었다. 막상 유학을 결심하고 가장 먼저 걱정되었던 것이 만만치 않은 유학 비용과 일본 유학 후 미래의 대한 불안감, 낯선 나라에서의 생활에 대한 두려움... 회사를 다니면서 유학을 준비한다는 것은 정말 많은 어려움이 있었고, 두려움과 걱정이 있었다.

혼자 여러 인터넷 카페에 가입하고 유학수기들도 참고하면서, 우연히 알게 된 일본유학카페 일유모에서 자넷유학원 김대현 원장님(당시, 지금은 JCLI 일본어학교 이사장)의 유학수기를 접하게 되면서 일본유학에 대한 확신을 갖게 되었다. 김대현 원장님의 일본에서의 치열했던 유학생활은 적지 않은 충격이었다. 그리고 나서 실제로 김대현 원장님께 상담을 받고 나왔을 때 나는 그동안 느껴왔던 일본유학에 대한 두려움을 떨쳐버릴 수 있게 되었고, 새로운 도전에 대한 열정을 다시 한번 느낄 수 있게 해 주었으며, 일본유학에 대한 희망과 꼭 해내리라 하는 자신감을 확신했다.

2008년 1월 2일. 나는 타마가와일본어학교에 입학하면서 일본 생활을 시작하게 되었다. 첫 한달 동안은 일유모 자넷유학원에서 주최해 주는 한일교류회와 우연히 알게 되었던 일본 친구들과 어울리느라 정신이 없었다. 히라가나도 모르던 내가 다른 친구들 보다 더 빨리 많은 일본 친구들을 사귀게 되었고, 한

달 뒤 아키하바라 근처의 이자카야에서 아르바이트를 하게 되었다. 아르바이트를 했던 가게는 지금까지 한국인을 채용한 것은 내가 처음이어서인지 모두들 나에게 관심을 보였고, 사람 사귀는 것을 좋아하는 나에겐 더 많은 친구가 생기게 되고 자연스럽게 다른 친구들 보다 일본어 회화에 대한 자신감이 생겼다.

  일본생활에 조금 적응하기 시작할 무렵부터 나는 학비를 벌기 위해 아르바이트 시간을 늘렸다. 새벽에는 버거킹에서 아르바이트를 하고, 낮에는 일본어학교에서 공부를 하고, 저녁에는 이자카야에서 아르바이트를 하느라 하루에 겨우 2~3시간 정도밖에 잠을 못 자는 고된 생활을 했다. 하지만 내가 이렇게 힘든 일본유학생활을 이겨낼 수 있었던 것은 유학에 대한 확신이 있었기 때문이라고 생각한다. 그리고 또 하나, 휴일에는 항상 일본 친구들과 중국 친구들과의 만남을 통해 한 주의 스트레스를 풀었던 것도 큰 도움이 된 것 같다. 일본인, 중국인 친구들과의 만남은 일본어 회화를 빨리 늘게 해 준 가장 큰 이유이기도 하다. 항상 만남을 소중히 하는 나에게 있어서는 일본, 중국, 태국 등 여러 나라 사람들과 공통된 언어를 배우며 소통하는 것이 너무나 신기하고 즐겁고 행복한 일이었다.

  만남이 있으면 이별도 있는법. 어느덧 세월이 흘러 일본에 온 지 1년이 다 되어 갔다. 한국에 돌아 가면 일본에서의 생활이 너무 그립고 그리울 것을 알았지만, 일본에서의 아쉽고도 즐거웠던 1년의 유학 생활을 마치고 나는 귀국을 결정했다. 일본에서의 치열한 생활로 인해 더 많은 자신감과 일에 대한 욕심을 갖게 될 수 있었다.

나는 일본에서 정말 많은 사람들을 만났다. 한국에서 함께 일하던 회사 분을 통해 내가 계속 공부하고 싶어하는 일본의 유명한 휴대폰 회사 사람들을 소개받기도 했고, 한일교류회에서 만난 일본인에게 한국어 공부를 가르치기도 했고, 대사관에 다니는 분과 일본에서 영어학원을 하시는 젊은 사장님, 나로 인해 한국어를 공부하고 지금도 항상 연락을 해주는 "카지야분조" 이자카야 친구들, 힘든 유학생활을 이해하며 외로울 나를 위해 20명도 더 되는 일본인 친구를 소개해 준 내 소중한 친구 하루코짱, 마키짱, 아유미짱, 아라언니, 정민. 나는 너무나 다양한 분야의 사람들과 인연을 맺을 수 있었다. 항상 좋은 얘기들과 나에게 응원을 아끼지 않았던 그 모든 분들을 나는 소중하게 기억한다.

2008년 12월 24일, 나는 한국으로 귀국하여 지금은 후루카와 전기공업 주식회사 안테나개발부에서 기구개발 엔지니어로 일하고 있다. 3년이 지난 지금도 가끔 일본 친구들과 중국 친구들의 안부소식을 듣고, 함께 여행을 하며, 그렇게 소중한 인연들과도 함께 하고 있다.

항상 내가 이루고자 하는 일에 대한 열정과 희망을 갖고 있다면 무엇이든 그 꿈을 이룰 수 있다고 생각한다. 현재 사이버한국외대 일본어과에 3학년 편입하여 회사 생활과 공부를 병행하면서 나는 지금보다 더 큰 꿈을 향해 나아가고 있다.

동경외어전문학교
東京外語專門學校

프로가 되기 위한 어학력을 목표로!

본교는 동경의 도심 '신주쿠'에 위치하고, 신주쿠 역에서 5분거리의 통학하기에 아주 편리한 장소에 있습니다. 특히 일본어 교육에 있어서는 확실한 일본어 습득을 목표로 한 일본어과, 한 단계 수준 높은 표현력을 키우는 일한통역과·일중통역과가 개설되어 있습니다. 고도의 일본어 실력을 원하시는 한국이나 중국 학생들에게는 최고의 교육환경이 되고 있습니다. 또한 과외학습도 각 학과 단위로 적극적으로 이루어지고 있습니다. 가부키 감상, 에도 동경박물관 견학, 통역가이드 연수, 통역·번역 세미나 등 매우 다채롭게 전개되고 있습니다.

설치학과

- 일본어과(1년/1.5년)
- 일본어교사 양성과(1년)
- 일한통역과(2년)
- 일중통역과(2년)

※ 일한통역과의 입학시험은 매년 11월 서울에서 실시 예정!

진학지도

매년 많은 학생들이 대학이나 전문학교로 진학하고 있습니다. 진학희망자에게는 사전에 개인 면담을 중심으로 상세한 진학지도를 실시하고 있습니다.

장학금제도

- [외국인학생 학습장려금]으로서 입학금을 면제(일본어과 제외)
- [외국인학생 특별장학금 제도]로서 선고에 의해 최고 30만엔 지급(일본어과 편입학생 제외)
- 독립행정법인 일본학생지원기구의 [사비외국인유학생 학비장려비 지급제도](월48,000엔)의 수급자격이 주어집니다.

학비

※ 연간총학비

학　과	학　비
일본어과(1년)	960,000엔
일본어과(1.5년)	1,380,000엔
일한통역과	1,149,000엔
일본어교사양성과	1,111,000엔
일중통역과	1,149,000엔

東京都新宿区西新宿7-3-8 〒160-0023

Tel 03-3367-1101 / Fax 03-3367-1106 / www.tlfc.ac.jp

関西外語専門学校

관서외어전문학원

학교의 특징

문부과학성/오사카부인정 어학 비즈니스계 전문학교

문부과학성 연구개발 지정 및 위탁교재 발행

문부과학성 전수학교직업교육고도화 개발연구위탁교

전세계의 유학생을 유치하는 일본최대 규모의 전문학교

각종 장학금제도, 학생할인, 의료비 보조제도

우수한 설비와 교육환경

대학추천 입학제도와 높은 진학률

우수한 커리큘럼과 다양한 선택과목제도

일본유학시험에 만전을 기하는 진학지도

개설코스 및 입학시기

개설코스 : 일본어학과, 일본어종합학과, 일본어전공학과

입학시기 : 4월, 10월

www.kansai.or.kr　nihongo@kansai.or.kr

Tel. 06-6621-8115　Fax. 06-6623-9164

〒545-0053 大阪市阿倍野区松崎町2-9-36

6부

일본유학 어드바이스

1_ 유학을 망설이고 계시는 분들을 위한 제언

일선에서 유학 상담을 하다보면 유학을 가야할지 말아야할지 망설이는 분들이 제법 많은 것 같다. 특히 여자 분들은 집안에서 반대하는 경우도 상당히 많은 것으로 알고 있다. 나는 남자이지만 예전에 집에서 일본유학을 반대해서 하마터면 못갈 뻔 하기도 했다.

그러나 결론적으로 얘기하자면, 유학을 망설이게 하는 가장 큰 이유는 집안의 반대 등 타인에 의한 요인이 아니라, 바로 자기 자신의 확신감 부족, 자신감 부족, 용기 부족에 근본적인 원인이 있다고 본다. 물론 유학자금의 문제도 있고, 또 현재의 직장을 그만두는 데에서 오는 불안감 등도 매우 크게 작용하겠지만, 그러한 심리적 현상들을 종합해 볼 때, 결국 자기 확신이 부족하기 때문에 망설이게 되는 것이 아닐까 생각된다.

기득권을 버리는 데에는 상당한 용기가 필요한 법이고, 그 용기와 확신을 가지려면 미래에 대한 불안감이 없어야 하는데, 현재의 모든 것을 접어두고 유학을 갔다 왔을 때 과연 나에게 어떤 이득이 있을까? 좀 더 나은 직장을 얻을 수 있을까? 또, 일본에서 건강하고 보람있는 유학생활을 할 수 있을까? 돈만 쏟아 붓게 되는 것은 아닐까 등등, 아마도 유학을 망설이게 하는 여러 가지 요소들은 출국 짐을 싸고 비행기를 타는 그 순간까지 여러분의 뇌리를 떠나지 않을지도 모른다.

그러나, 나는 불안감과 망설임을 과감히 떨쳐버리라고 말씀드리고 싶다. 유학은 삶의 질적인 변화를 동반하는 새로운 경험의 세계이다. 지금과 동일한 상태로 1년을 한국에 더 사는 것과 일본유학 1~2년을 비교해 보면 아마도 그 답이 나올 것이다.

즉, 지금까지 살아왔던 것처럼 한국에서 1년을 더 산다는 것은 질적인 변화를 동반하지 못한다. 그러나, 일본에서의 새로운 경험은 여러분의 인생에 있어 질적인 변화를 일으킬 수 있고, 또 평생 잊혀지지 않을 기간이 될 것이기 때문에 당연히 유학을 가는 것이 보다 자신을 업그레이드 시킬 수 있는 기회인 것이다.

젊었을 때의 변화는 발전을 의미한다. 유학 이후의 가장 큰 변화는 자신감을 갖게 된다는 점이다. 나는 약 20년동안 일본유학업무를 수행해 오면서, 또 수많은 후배들을 일본으로 떠나보내면서, 그 후배들이 유학을 마치고 돌아와서 각자의 길을 찾아가는 것을 큰 보람으로 생각하고 있다. 그러나, 더욱 중요한 것은 그 후배들이 공통적으로 자신감을 갖고 당당하게 사회생활을 영위하고 있다는 사실이다. 나 또한, 일본

유학의 결과로서 내가 하고 싶은 일을 하고 있고, 또 보람도 느끼고 살고 있다.

공부와 자기개발을 하는 데에는 시기가 있다. 또 기득권이 많을수록 유학을 갈 수 있는 기회가 그만큼 줄어들게 된다. 바쁘게 회사생활을 하다보면 자기 자신의 업드레이드를 위해 별도로 1~2년의 시간을 확보하기가 쉬운 일이 아니기 때문이다.

따라서 유학은 한 살이라도 젊었을 때 출발하는 것이 유리하고, 더 넓은 시야를 갖게 되면 진로를 결정할 때 그만큼 선택의 폭이 넓어지고 더 좋은 기회가 올 수 있다.

즉, 유학을 통해 자신의 능력과 경험이 업그레이드 되게 되고, 그 결과는 당연히 지금보다 더 넓은 사회진출의 기회를 맞이하게 되며, 또 취직 후에도 자신감을 갖고 당당하게 업무를 수행하게 되므로, 직장 내에서 인정받게 될 가능성이 훨씬 높아진다는 점이다.

예전에 일본어를 전공한 대학 후배 중에 한국 내 메이저 기업인 S전자에 근무하던 여자 후배가 있었다. 그 후배는 소위 한국 최고의 기업에 취업하여 매우 높은 보수를 받고 있었기 때문에 남들이 생각할 때는 모두들 부럽게 생각하고 있었다. 그러나, 그 후배는 3년 만에 스스로 직장을 그만두고 유학의 길을 떠나게 된다.

그 이유가 무엇이었을까? 여러분들도 이미 짐작하시겠지만, 직장에서의 자기 포지션을 지키기가 어려웠던 점도 그 이유 중의 하나일 것이다. 즉, 일본어과 출신임에도 불구하고 원활한 일본어를 구사하지 못하는 데에서 오는 자신감 결여, 직장 상사들의 보이지 않는 무시, 신입사원들의 막강한 외국어 파워 등등 스스로의 위치를 지켜내기가 결코 만만치 않았기 때문에 결국 남들은 그것이 종착역이라고 생각했던 굴지의 기업에서 스스로 퇴직서를 제출하고 나왔던 것이다.

위의 예에서 알 수 있듯이, 좋은 기업에 취직하는 것으로 모든 것이 끝나지 않는다는 점이다. 물론 누구나 다 유수의 기업에 좋은 대우로 일하기를 희망하겠지만, 그것보다 중요한 것은 그 조직에 들어가서 직장 동료들이나 직장 상사로부터 능력을 인정받고, 스스로 자신감있고 당당하게 자신의 능력과 포지션을 담당해 갈 수 있느냐 하는 것이 더 중요하다. 그러기 위해서는 한 살이라도 젊었을 때 자기 자신을 위해 투자해야 하고, 공부해야 하고, 자기개발을 해야 하는 것이고, 자기개발의 가장 유력한 기회 중의 하나가 해외 유학이다.

자기 자신의 업그레이드를 위해 투자하라. 한 살이라도 젊었을 때 자기 자신을 위하여 시간과 돈과 열정을 투자하라. 그 투자는 반드시 여러분의 인생에 있어 커다란 자산이 될 것이다. 그 결과, 여러분은 몇 년 후에 지금보다 훨씬 당당하고 멋있는 자신의 모습을 만나게 될 것이다.

2_ 일본유학과 전문가로 가는 길

　당신은 5년 후에 어느 정도의 연봉을 받기를 희망하십니까? 또, 당신은 어떤 포지션에서 일하고 싶습니까? 상기 질문들은 매우 상식적이면서도 현실적인 질문들이다. 바로 여러분들이 유학을 하면서 또 유학을 계획하면서 늘 고민하고 생각해야 할 항목들이다.

　나이가 젊을수록 꿈을 크게 가지라고 했다. 인간의 수명이 길어지면서 경제활동 가능연령이 60대에서 70대, 80대로 바뀌고 있다. 이러한 시대와 상황의 변화에 비춰보면 나이가 20대 후반이거나 30대라고 해서 꿈을 포기해서는 안된다는 뜻이다. 지금의 30대는 예전의 20대와 같고, 지금의 40대는 예전의 30대와 같다고 보면 된다.

그럼 처음의 질문에 대한 분석에 들어가 보도록 하자. 여러분의 꿈이 연봉 1억 이상에 누가 봐도 당당한 포지션을 가지려면 당신 어느 특정 분야의 전문가의 길로 나아가야 할 것이다. 전문가가 되는 길, 그것은 어려울 것 같으면서도 어렵지 않은 길이라고 생각한다. 특히나, 가까운 일본이라는 나라는 세계 제1의 기술투자국이다. 그리고 여러분은 일본유학을 꿈꾸는 한국의 젊은이들이다.

가까운 일본 유학을 통해 전문가의 길을 가고자 한다면, 1년 정도의 어학연수 후에 일본의 전문학교에 진학하라고 권해 드리고 싶다. 일본은 학벌 사회이면서도 엔지니어를 존중하는 기술국가이다. 만약 일본의 유명 국공립대학이나 사립명문대에 진학하지 않을 분들이나, 또 이미 4년제 대학에 진학하기에는 나이나 자금 면에서 부담을 느끼는 분들은 비젼있는 실무형, 기술형 2년제 전문학교에 진학하여 첨단 학습을 하고, 졸업 후 일본의 기업에 취업을 하는 것이 더 낫다고 생각한다.

최근 외국 유학생 출신의 일본 현지 취업율이 급격히 높아지고 있는 추세다. 그것은 일본 인구의 고령화 및 노동인구의 감소와 맞물려 해외 인력의 필요성이 그만큼 높아지고 있다는 반증이며, 4년제 대학보다는 2년제 전문학교 졸업자의 취업율이 더 높다는 사실은 실무투입

형 기술엔지니어를 선호하는
일본의 기업문화의 현실을 잘
반영해 주는 것이라고 하겠
다.

일본은 졸업장을 따려고 가
기보다는 기술과 실무를 배우
고 익히는 데에 더 적합한 나
라이다. 일본의 이름없는 지
방대학도 한국과 마찬가지로
졸업 후 그다지 비젼이 없다.
한국에 돌아와서도 그다지 반
겨주는 기업이 없다는 의미이
다. 이왕 비싼 돈 모아서 유
학을 갈 거라면, 그 유학을

통하여 전문가의 길로 방향을 틀라고 조언해 주고 싶다. 대충 일본어
배워 와서는 한국에 돌아와도 별로 할 일이 없다. 왜냐하면 일본어 할
줄 아는 사람은 많기 때문이다.

이제 여러분은 앞 세대와는 달리 하나의 외국어만으로는 경쟁할 수
없는 글로벌 경쟁시대에 돌입한 세대다. 앞으로는 영어와 일어 2개국
어를 잘해도 별로 칭찬받지 못하는 시대가 온다는 얘기다. 뒤집어 부
연하면 외국어 하나로는 자신의 위치를 지키지 못하고 도태될 수 있다
는 뜻이기도 하다. 언어는 그것이 목적이 아니라 그 무엇을 향해 가는
수단이다. 즉, 언어를 바탕으로 자신이 진정 하고 싶은 분야의 공부를
해야 드디어 언어를 습득한 목적을 달성할 수 있는 것이다.

전문학교나 대학에서 전공을 선택할 때는 전문성이 있는 전공을 선택하라고 권해 드리고 싶다. 누구나 쉽게 따라올 수 없는 전공을 선택해야 그만큼 전문성을 인정받을 수 있다는 얘기다. 배우기는 어렵지만 배우고 나면 남들이 쉽게 따라오지 못하는 종목의 전문가가 되어야 남들보다 좀 더 확고한 자신의 사회적 포지션을 차지할 수 있는 것이다.

일본의 전문학교들 중에는 "갯벌 속의 진주와도 같이 반짝 반짝 빛나는" 학교들이 많다. 일본의 학교들에 대해 잘 모르다 보니 그런 학교가 있는지 조차 모르는 것이 지금의 현실이다. 또한, 말로만 들어서는 그 학교를 선택할 수 있는 결단을 내리기가 쉽지 않은 법이다. 따라서, 1일 체험학습도 중요하고, 받아 온 팜플렛과 홈페이지 등을 통해 학교에 대해 조사 분석을 해야 하고, 또 졸업생과 재학생을 만나서 그 학교에 대한 정보를 최대한 흡수해야 할 것이다.

전문가가 되고 싶은 분들에게 한 가지 제안을 하고자 한다. 여러분, 앞으로 3년을 투자하라. 어학연수 1년과 전문학교 2년, 총 3년을 투자하면 여러분은 특정분야의 전문가가 될 수 있다. 유학은 자신을 변화시킬 수 있는 엄청난 기회인 것이다.

3_ 유학은 자신만의 브랜드를 구축해 가는 과정

사고방식, 관습, 문화 등을 알지 못한다면 수많은 장애물을 만나게 될 거라 생각한다. 따라서 선진국으로의 유학은 우리가 말로서는 표현할 수 없는 다양한 느낌과 경험을 쌓을 수 있는 소중한 기회, 즉 보다 큰 세계에서 자신의 브랜드를 구축할 수 있는 매우 중요한 시기인 것이다.

장래에 여러분은 귀국하여 취직을 하거나 창업을 하게 될 것이다. 한국의 기업입장에서는 직원을 채용할 때, 외국어 실력은 기본이고 전문성과 자신감, 현장 경험, 그리고 자기표현력 등을 매우 중시한다. 즉, 여러분이 단지 일본에 있다는 것만으로는 부족하고, 또 일본어를

잘하는 것만으로도 부족하다는
뜻이다. 일본에서 폭넓은 경
험과 자신만의 분야를 위한
스크랩 활동, 진학을 포함
하여 자신의 브랜드를 제대
로 키울 수 있느냐 없느냐
는 여러분의 선택에 달려 있
다.

  그러나, 가장 중요한 것은 여러분들끼리
의 경쟁이다. 즉, 같은 시대를 살아가는 여러분들 상호간에 이미 경쟁
은 시작되었고, 그 경쟁에서 앞서가기 위해서는 남들과는 다르게 적
극적이면서도 폭넓은 자신의 유학세계를 구축해 가야만 귀국 후에 한
국사회의 리더가 될 수 있는 것이다. 똑 같은 돈을 투자해서 남들보다
몇배의 가치를 발휘하려면 바로 여러분 옆에 있는 친구들보다 훨씬 적
극적으로 공부하고 활동하고 교류하려는 자세로 유학생활에 임해야만
한다.

여러분은 한국에 있을 때보다
훨씬 자신의 인생에 대해, 자신
의 장래목표에 대해 고민해야
하는 시기에 도달해 있다. 자신
의 인생에 대한 통찰력있는 사
색과 고민을 통하여 미래의 목
표를 설정하고 자신의 적성에
대해 고민하고 주변의 선배들
이나 가족, 친지들과의 상담을

통해 보다 많은 분야에 대한 검색을 해야 한다. 자신에게 맞는 분야를 찾으려면 '어떤 일을 할 때 내가 가장 즐거워 하는가'에 대해 깊이 생각해야 하며, 그 전에 어떤 직업군(職業群)이 있는지에 대해서도 탐색해야 하고, 이미 전문분야의 길에 들어선 선배들로부터 자문을 구해야 한다.

유학생 여러분과 유학 준비생 여러분!
건강하고 폭넓은 현지유학생활(일어학습, 전문분야 학습, 국제교류, 문화체험, 여행 등)과 알찬 유학준비(유학목적, 준비학습, 준비자금 등)를 위해 최선을 다하시기 바란다. 그리하여 멀지 않은 장래에 멋지고 당찬 모습으로 돌아오기를 기대한다.

4 일본기숙사, 시설과 위생을 생각하자

어느 일요일 아침, 나는 동경의 신오쿠보에 위치한 겉은 멀쩡한 모 맨션을 방문한 적이 있다. 좁은 거실을 공동으로 이용하고 방이 4개 정도 였는데, 그 중의 한 룸을 열었을 때 나는 그만 눈물이 날 뻔 했다. 조그만 룸 안에서 여학생 4명이 인사를 하는데 각자의 침대에서 엉거주춤한 자세로 인사를 하는 것이었다. 4명이 한꺼번에 일어설 수

없을 정도로 작은 방에 이층침대 2개가 나란히 겹쳐져 있는 매우 열악한 구조였던 것이다. 관리자한테 요금을 물어보니 1인당 40,000엔을 받는다고 한다. 합계 16만 엔이면 아마도 그 집 월세의 2/3 이상을 그 방에서 뽑는다는 결론이 나온다.

만약 내가 그 여학생들의 부모였다면 그 자리에서 방을 옮기라고 하든지 당장 귀국시키고 싶을 정도의 분노를 느꼈다. 학생들은 아르바이트를 소개시켜 준다고 해서 이 숙소를 선택했다고 했다. 그리고 살기

에 좁고 불편해서 3개월 후에는 이사 갈 거라고 했다. 한국에서 상담 받을 때부터 3개월 후에 이사할 생각을 하라고 상담을 받았다고 한다. 이는 유학상담기관이 자신과 관련된 열악한 기숙사를 개선할 생각은 않고 유학생들에게 임시로 있다가 떠나는 방식으로 반복적으로 숙소를 소개하고 있는 얄팍한 상술에 지나지 않는다.

피해는 고스란히 학생들에게 돌아간다. 일본은 우리나라와는 달리 이사할 때 처음 납부했던 입실료와 시설료를 반환받지 못할 뿐 아니라 새로 입주할 숙소 측에도 입실료와 시설료를 다시 한번 지불해야 하기 때문에 월세 외에도 약 10만 엔의 큰 비용을 손해보게 된다. 더욱 큰 문제는 그러한 손해를 보면서도 유학생들 자신이 왜 손해를 봤는지를 정확하게 인식하지 못함으로써 이러한 관행이 반복되고 있다는 점이다.

현재 인터넷을 통해 광고하고 있는 원룸이나 맨션들 중에는 열악하고 좁고 비상식적인 요금을 적용하는 룸들이 제법 많다. 학생들은 그

저 인터넷 상의 사진과 요금만 보고 결정해야 하기 때문에 인터넷으로 잘만 디스플레이하면 학생들의 관심을 끌기 쉬우므로 학생들은 이 점에 유의해야 한다.

통학거리도 실제 소요시간과 광고에 게재된 소요시간에 큰 차이가 나는 경우도 많다. 입실료와 보증금을 받지 않는 조건으로 입주자를 모집하고 있는 동경의 메이저급 임대원룸 사업체의 경우에는 전철역까지의 거리를 거의 절반 이하로 줄여서 게재하는 바람에 입주 후 유학생들의 반발이 해마다 반복되고 있다. 해당업체에서는 법적 직선거리를 표시한 것이어서 문제될 것이 없다는 입장이지만, 상식적으로 건물을 뚫고 직선으로 다닐 수는 없는 것 아닌가.

위생 환경도 매우 중요한 항목이다. 동경 시내의 모 기숙사에서는 복도 끝에 방치된 이불을 방에 갖고 가서 덮고 자다가 피부병에 감염되어 귀국한 학생도 있었다. 어떤 사람은 그것은 학생 자신의 잘못이라고 하는 분도 있지만, 복도 끝에 병균이 득실거리는 이불을 방치한 숙소

측의 비위생적인 환경이 근본적인 문제점이라고 본다.

　현지 사정을 잘 모르는 정보 부족 때문에 지금 이 시간에도 많은 학생들이 열악한 숙소환경에 노출되어 비인간적인 숙소생활을 하고 있다는 사실은 정말 일본유학에 관련된 모든 종사자들이 반성해야 할 부분이라고 생각한다. 참고로 지어진 지 오래된 건물일수록 바퀴벌레가 나올 가능성인 높고, 부엌의 하수관이나 쓰레기장 등이 비위생적인 환경에 노출되어 있을 가능성이 높다.

　앞으로는 좀더 꼼꼼하게 룸을 선택해야 한다고 생각한다. 건물의 건축년도, 룸 내부의 시설, 요금과 입 퇴실 규정, 룸의 면적, 전철역과의 거리 등 시설과 내용을 꼼꼼히 따져보지 않으면 거주하는 동안 하자보수, 바퀴벌레와의 전쟁, 열악한 위생환경에 그대로 노출될 수 있다. 무조건 도보통학만 고집하지 말고 10~20분 정도 전철을 타더라도 시설이나 환경이 좋은 룸을 선택하여 이사를 하지 않고 오래 동안 사는 것이 만족도도 높고 돈도 아낄 수 있는 방법이다.

5_ 일본유학에서 하지 말아야 할 것들

풍속업종의 아르바이트

대부분의 유학생들은 풍속업종과 거리가 멀겠지만, 가끔 그런 곳에서 아르바이트 하다가 법무성 관계자나 경찰에 의해 잡혀서 강제 귀국되는 경우가 있다. 만약 본의 아니게 그렇게 되면 일본유학의 의미를 잃게 되고 받아야 할 급료도 받지 못하고 거액의 벌금마저 물게 된다.

따라서 애당초 공부할 목적으로 간다면 풍속업종의 아르바이트를 하면 안된다. 특히 일본의 술집은 술만 따라주면 된다거나 말벗만 해주면 된다거나 몸을 만지지 않는다거나 하는 얘기에 절대 솔깃해지면 안

TIP

일본의 풍속 업종

크라브 | 클럽 = 한국의 룸살롱이나 단란주점과 유사한 형태의 술집

스나크 | 여자가 나오는 술집

에스테 | 한국의 맛사지, 안마시술소와 유사한 형태

빠찡코 | 구슬로 하는 도박 게임장

호스트빠 | 남자 접대부가 나오는 술집 등

된다. 또, 길거리에 뿌려져 있는 아르바이트 전단지는 줍지 않는 것이 철칙이다. 그런 전단지들은 대부분 술집이나 불법적인 가게인 경우가 많기 때문이다. 아르바이트 알선을 빙자해서 아주 먼 곳까지 따라가는 것도 삼가야 한다. 특히 이유 없이 친절을 베푸는 사람은 모두가 그런 것은 아니지만 일단 마음속으로 경계하는 것이 좋다.

잦은 이사와 백화점 쇼핑

일본에서는 이사를 자주하면 망하고 백화점에서 물품구입을 많이 하면 망한다는 말이 있다. 물론 유학생들 사이에서 회자되는 말이다. 일본의 주택 계약 제도는 한국과는 달리 계약할 때 입실료와 보증금이 필요한데, 보통 월세의 2배씩에 해당하므로 계약하려면 월세의 4배가 필요하고 여기에 부동산소개비(1개월분)를 합치면 월세의 약 5배의 돈이 필요하고 나중에 대부분 돌려받지 못한다. 즉 이사를 가면 살던 집의 계약금을 돌려받지 못하고 새로 계약하는 집에 거액의 계약금을 내야 하므로 이중고를 겪게 되는 것이다. 백화점 물품구매도 유학생으로서는 사치이므로 자제하는 것이 바람직하다.

유흥지역에서의 호기부리기 & 야쿠자

일본에서 조심해야할 것들 중에 하나가 야쿠자에 대한 문제이다. 신주쿠의 가장 번화한 유흥가 카부끼쵸에는 맥주500엔, 안주무료 등 눈길을 끄는 간판들이 곳곳에 있다. 그러나, 실제로 그런 줄 알고 들어갔다가 봉변을 당하는 경우도 있고, 외국인 입장금지구역인 줄 모르고 들어갔다가 곤란을 겪는 경우도 있다.

카부끼쵸나 록뽕기, 긴자 등 대규모 유흥지역에는 가급적 가지 않는 편이 낫고, 가더라도 조용히 나오도록 하자. 보통 그런 지역의 가게들은 야쿠자와 선이 닿아 있으므로 특별히 조심해야 한다.

참고로 그런 지역에서의 술집 전단지 배부 등의 알바는 금물이다. 유흥가에서 여권분실도 주의해야 한다.

빠칭코, 경마, 마작 등 도박 행위

　학생들 중 상당수가 위에 열거한 도박으로 인해 가사탕진하고 유학 도중에 귀국하는 사례가 있다. 한번 빠지기 시작하면 헤어날 수 없는 도박에는 아예 접근을 하지 않는 것이 좋다. 재미삼아 시작했다가 돈을 따도 다시 가고 돈을 잃어도 다시 가는 것이 얄팍한 인간의 심리이다. 시간당 1,000엔 받고 일하는 유학생이 하루에 4~5만엔을 날렸다고 생각을 보자. 그 때부터는 아르바이트의 귀중함을 잃게 되고 돈에 쪼달려서 유학생활을 제대로 이어가지 못하게 된다. 처음부터 아예 그런 쪽은 무시하고 사는 것이 좋다. 목표의식이 뚜렷한 사람, 장래에 성공할 사람, 자신의 소중함을 하는 사람은 처음부터 그런 것들에 대해 유혹을 느끼지 않는 법이다.

계획성 없는 여행

일본은 숙박비가 이만저만 비싼 게 아니다. 특히 도심지나 관광지에는 여관은 거의 찾아보기 힘들다. 여행계획을 세울 때는 "청년의집" 이나 유스호스텔, 홈스테이, 민박 등 숙소에 대해 미리 파악을 하고 여행을 해야 한다.

보통의 비지니스호텔이 1박에 7,000엔~10,000엔 정도이므로 3-4일만 이용해도 한달 치 월세 만큼의 돈이 지출된다. 가능하면 당일치기로 계획을 하고, 장거리 여행일 경우에는 현지의 저렴한 숙박처를 미리 예약하고 가는 것이 바람직하다.

매일 밤 소주 한 잔, 그리고 고성방가

학생들 중에는 가끔 이런 유형의 학생들이 있다. 외롭다고 모이고, 스트레스 쌓인다고 모이고, 고생했다고 모이고, 반갑다고 모이고. 돈 아끼려다 보니 기숙사 안에서 라면과 김치조금 꺼내놓고 그렇게 모인

다는 것을 안다. 나도 유학 시절에 거의 매일 밤 한국인들끼리 모이는 것이 싫어서 두 달 만에 기숙사를 나와서 독립했던 기억이 있다. 또 친구 생일날 밤에 축하노래 불러주다가 옆집에서 신고해서 경찰이 출동하는 사례도 있다. 그러나 그 모든 것을 절제할 줄 알아야 성공할 수 있다. 외로움을 참아내고, 고생을 감내할 줄 알아야 남들하고 달라지는 것이다. 물론 놀 때는 화끈하게 놀 줄 알아야 하겠지만 유학생활을 할 때는 기본적으로 절제할 줄 아는 것이 미덕이다.

학교와 숙소, 그리고 아르바이트의 단조로운 패턴

유학의 꽃은 문화 교류에 있다. 유학생들하고만 어울리면 죽도 밥도 안된다. 사회생활을 하다가 일본을 다시 방문했을 때 일본인 친구 하나 없다면 그것을 어떻게 성공한 유학이라고 할 수 있겠는가. 시간이 부족해도 자금이 부족해도 틈새 시간을 이용해서 일본사회에 발을 내디디는 것이 중요하다. 구청에 가서 외국인등록증을 보여주고 지역민

교류 프로그램에 참가하고 싶다고 얘기해 보라. 공민관, 시민문화센터, 국제교류센터 등등 얼마든지 많다. 그리고 일본인들처럼 시립체육관, 시립도서관도 이용하고, 수영, 영화, 연극, 공연 등 각종 문화생활도 해야 한다. "나는 한국인 유학생이니까……." 라고만 생각한다면 그들의 문화 속에 들어갈 수가 없다.

국제교류회

맺는 글

유학은 국제인의 길로 나아가는 관문이자 자신의 가치를 높이는 과정이다. 그들의 마인드를 습득하고 보다 넓은 안목을 갖추는 것은 어쩌면 일본어를 배우는 것보다 중요할지도 모른다. 일본현지의 유학생 여러분, 그리고 유학을 준비하는 준비생 여러분들의 분발과 건강을 기원한다.

BUNKA™

문화외국어학원

www.jculture.co.kr

TEL. 02)752-4071~4

전세계 국비유학생 위탁교육기관인

일본 문화외국어전문학교의

자매교로 동일한 커리큘럼, 동일한 수업방식의

일본어 학습 전문과정

* 2007년 1차 EJU시험 일본어 최고득점자 배출
* 2009년 2차 EJU시험 일본어 최고득점자 배출
* 와세다 정치경제학부 수석합격, 메이지 경영학부, 케이오경제학부,
  릿쿄 관광학부, 일본대 방송학과, 케이오 인문대 인류학과, 리쯔메이칸 등 합격

2002 WORLD CUP

자원봉사자 일본어 레벨테스트

서울시 공식 지정 교육기관

대한항공 , 산업인력공단 및 기업체 위탁교육기관

BUNKA™ 는 문화외국어학원의 등록상표입니다.

오이타 고등학교
『人』大分高等学校

- 1952년에 창설, 내년 60주년을 맞이하는 전통있는 학교
- 병설 오이타중학교는 「명문대 합격지도 철저」「리더로서의 인재육성」
  「폭넓은 인간성 양성」을 목표로 함
- 교훈은 「創造」「敬愛」「気力」
- 오이타현 사립학교 중 최초로 동경대합격생을 배출하고, 예술분야에 힘을 발휘,
  동경예술대 타마미대등에 진학실적 다수
- 공부만이 아니라 「인간」에 중점을 두어 다양한 활동(체육대회, 문화제,
  고교디베이트, 정기연주회 등)을 통해 교사와 학생이 공동으로
  협력하고 배우는 시간을 소중히 한다
- 각계에서 활약하는 졸업생, 외교관, 변호사 등을
  초청하여, 강연회 및 좌담회 실시

大分市明野高尾1丁目6番1号
TEL : 097-551-1101
FAX : 097-553-0386
한국문의처 : 02-722-1565
www.oita-h.ed.jp

119

7부
문제상황
해결하기

1 _ 일본 현지 기본적인 행정 절차

외국인 등록

외국인등록증은 일본에 90일 이상 거주할 예정의 외국인은 누구나 다 신청해야 하며, 입국일로부터 90일 이내에 거주지 관할 구청 또는 시청의 외국인등록과에서 신청해야 한다. 외국인등록 신청 후에는

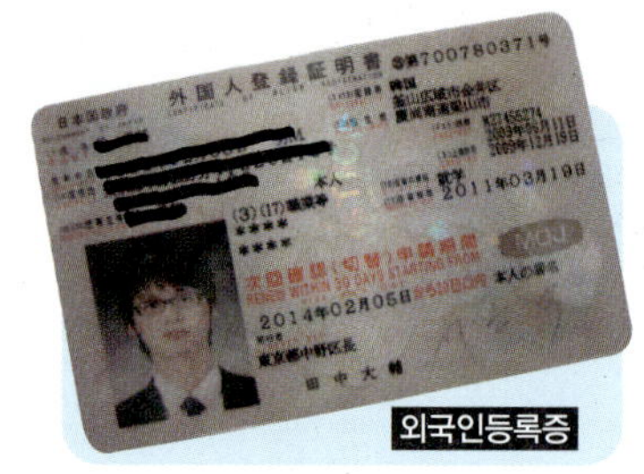

접수확인서를 발급받는 것이 좋다(300엔). 이 접수확인서는 외국인등록증이 발급되어 학교 사무국으로 배달되어 오기 전까지의 신분증으로 활용할 수 있다. 외국인등록증의 발급에는 대략 2주 정도 소요된다.

주소 변경, 재류자격(비자)의 변경 등의 사유가 발생했을 경우에는 변경사유가 발생한 날로부터 14일 이내에 거주지 관할 구청 또는 시청의 외국인등록과에서 외국인등록증의 변경을 신청을 해야 한다. 이 때 반명함판 사진 2매와 함께 변경 사유를 증명할 수 있는 자료를 지참해야 한다. 외국인등록증을 분실하였을 경우에는 재교부 신청을 해야 한다.

일본에서의 재류자격을 마무리하고 재입국허가를 받지 않고 최종적으로 출국할 경우에는 외국인등록증을 공항 출입국관리국에 반납해야 한다. 만약 재입국허가를 받은 경우에는 외국인등록증을 그대로 갖고 있어야 한다. 참고로, 외국인등록증은 일본에서의 신분증으로서 외출 시에는 항상 가지고 다녀야 한다.

국민 건강 보험

국민건강보험은 일본에 6개월 이상 체류할 예정의 외국인이 신청할 수 있다. 신청 장소는 거주지 관할 구청 또는 시청의 국민건강보험과이며, 외국인등록증 접수확인서와 여권을 지참해야 하고, 한국의 현주소, 일본의 숙소 주소와 학교 주소를 한 자로 기재해야 한다.

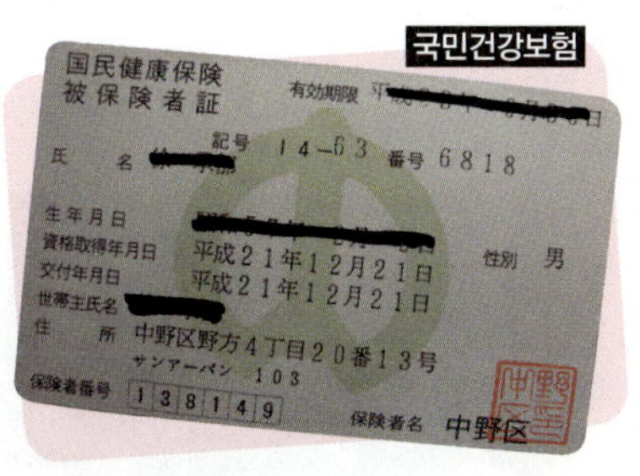

건강보험증은 당일날 발급되며 발급과 동시에 보험 혜택이 적용된다. 보험료 청구서는 매월 우편으로 배달되어 오는 데 가까운 편의점을 통해 납부하면 된다. 참고로, 건강보험료는 1년에 약 10,000엔 정도이다.

우체국 통장

우체국 통장을 개설하려면 여권과 외국인등록증 접수확인서, 한자도장을 지참해야 하고, 한국의 집 주소, 일본의 숙소 주소, 학교 주소를 한자로 기재해야 한다. 참고로, 외국인등록증이 없는 상태에서 외국인이 시중은행의 통장을 개설하는 것은 매우 까다로운 편이므로 처음에는 우체국 통장을 개설하는 것이 편리하다.

통장 개설 시에는 캐쉬카드도 함께 신청하는 것이 좋고, 배달 주소는 학교 사무국으로 하는 것이 좋다. 단, 우체국 통장은 외국에서의 해외송금이 불가능하므로 출국 때 갖고 간 돈을 저금하는 수단으로 활용하는 것이 좋다.

외국인등록증이 없는 상태에서 외국인이 시중은행의 통장을 개설하는 것은 매우 까다롭다

재입국 허가

취학비자 또는 워킹비자로 체류중에 한국이나 기타 외국으로 일시 출국할 경우에는 출입국관리사무소에 가서 재입국허가를 받아야 한다. 만약, 재입국허가를 받지 않고 귀국 또는 제3국으로 출국할 경우에는 비자가 소멸될 수 있다. 신청 방법은 연간 희망 재입국 회수에 따라 1회는 3,000엔, 2회 이상은 6,000엔의 인지대가 필요하다. 재입국허가를 신청할 때는 여권과 외

국인등록증을 지참해야 한다. 재입국 허가는 신청 당일 받을 수 있다.

자격외 활동 허가

유학생이 아르바이트를 하고자 할 경우에는 출입국관리사무소에서 자격외 활동 허가를 받아야 한다. 여권과 외국인등록증을 지참해야 하며, 신청 후 약 2~3주 후에 주소지로 엽서가 오면 다시 출입국관리사무소에 가서 여권에 자격외 활동 허가증을 받아야 한다.

국제 운전 면허증

한국의 운전면허시험장에서 국제운전
면허증을 발급 신청할 수 있고 신청
당일 발급된다. 국제운전면허증은
해외에 입국한 날로부터 1년간 사
용 가능하다.

만약 1년 이상 운전면허를 취득
하려면 한국에 가서 다시 한번
국제운전면허증을 취득해 오든
지, 아니면 일본운전면허증을
취득해야 한다. 참고로 관광비자의 경우
에는 국제운전면허증만 있으면 운전 가능하다.

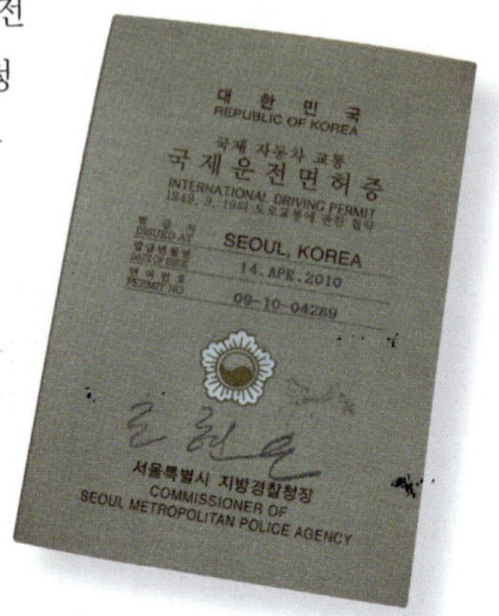

:: 준비할 지참물

운전면허증, 반명함판 사진1매, 수수료 약 5,000원

일본 운전 면허증의 취득

재일본 한국영사관에서 번역 공증을 받은 후 일본 운전면허시험장에서 일본운전면허증을 발급 신청하면 된다. 이 때, 간단한 시력검사와 색맹검사를 실시한다.

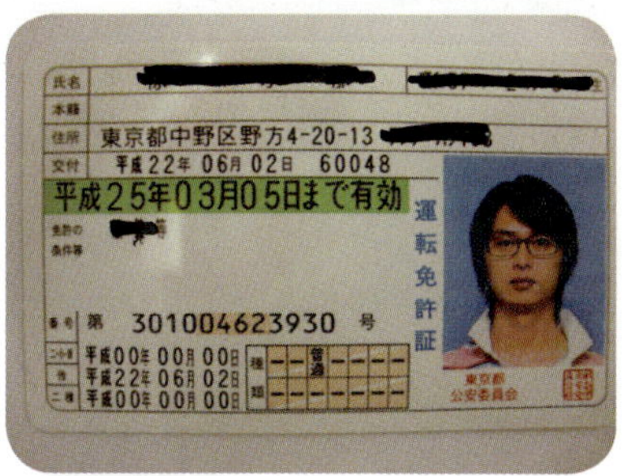

일본운전면허증

단, 일본운전면허증을 취득하려면 한국에서 운전면허를 취득한 지 3개월이 경과해야 한다.

또한, 운전면허 취득 후 여권 상 1년 이상 한국에 체류하지 않은 경우에는 '초보 운전면허'가 교부된다.

:: 준비할 지참물 

한국의 운전면허증, 외국인등록증, 여권, 방면함판 사진1매, 수수료 약 5,000엔

귀국 항공편의 예약

귀국 항공편을 예약할 경우에는 출국할 때 구매했던 항공권의 해당 항공사의 국제선 예약센터에 전화하여 좌석을 예약해야 한다. 이 때, 예약자의 영문이름과 연락처를 알려주어야 하며, 대리인의 경우에는 대리인의 이름과 연락처도 알려줘야 한다. 성수기의 경우에는 좌석의 예약이 어려울 시기도 있으므로 2~3개월 전에 미리 미리 좌석을 예약해 두는 것이 바람직하다.

만약 일본에 입국할 때 편도항공권을 구매한 경우에는 일본 현지의 여행사를 통해 한국 행 티켓을 구매해야 하는데, 이 때도 마찬가지로 미리 미리 몇 개월 전에 구매하는 것이 경제적이다. 참고로, 공항에서 항공권을 구매할 경우에는 매우 비싸므로 항공권은 반드시 여행사를 통해 사전에 구매하는 것이 좋다.

2 일본 생활 가이드

쓰레기 분리 수거

쓰레기는 날짜와 시간에 맞게 분리 수거하지 않으면 쓰레기를 수거해 가지 않으므로 반드시 분리 수거 원칙에 맞춰서 쓰레기를 지정된 장소에 내 놓아야 한다.

분리수거의 기준은 각 지역에 따라 다르며, 쓰레기 수거 장소에 날짜별 분리수거에 관한 규칙 팻말이 붙어 있다. 또, 분리 수거 당일날 새벽부터 오전 8시 이내에 지정된 장소에 내 놓아야 한다. 만약 그 전날 밤에 내 놓으면 까마귀나 고양이 등이 쓰레기를 뒤지는 사례가 발생할 수 있으므로 지역 주민들에게 폐를 끼치게 될 수 있으므로 이에 유의해야 한다.

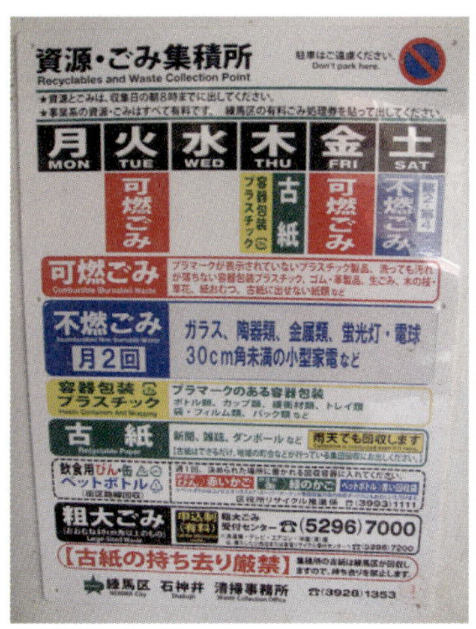

또한, 반드시 지정 쓰레기 봉투를 사용해야 하며, 지정 쓰레기 봉투는 그 지역의 편의점이나 슈퍼에서 판매한다.

TIP

쓰레기의 분리

— 타는 쓰레기

음식물 찌꺼기, 종이류, 비닐, 고무, 플라스틱, 피혁제품, 나무, 발포스티롤등 가연성 물건. 이때, 음식물 찌꺼기는 물기를 충분히 뺀 후에 내놓아야하고, 나뭇가지 등은 길이 30센티 이하 지름 20센티 이하로 묶어서 내놓아야 한다.

— 재활용 쓰레기

병, 깡통, 페트병, 신문 등. 빈 병이나 깡통은 안을 씻어서 내 놓아야 하고, 캡(뚜껑)은 따로 떼어내야 한다. 페트병은 PET1의 식별 마크가 있는 것만 재활용 대상이므로 식별을 한 후에 납작하게 찌그려트려서 내 놓아야 한다. 신문지나 광고지 등은 신문판매점의 종이봉지에 넣어서 내놓아야 하고, 우유 팩 등 음료 용지 팩은 씻어서 핀 후 말린 다음 내놓아야 한다. 그 밖에 카본 페이퍼, 감열지, 비닐, 코트지, 합성지, 유색 트레이 등은 재활용으로 사용되지 않으므로 타는 쓰레기로 분류해야 한다. 식품용 백색 트레이는 슈퍼에서 회수하고 있다.

■ 타지 않는 쓰레기

금속물, 도자기, 유리 제품, 우산, 칼, 거울, 소형 가전제품, 전기코드, 전구, 백열등 등 연소성의 물건. 유리 파편이나 칼 등 위험한 것은 신문지로 싸서 쓰레기 수집원이 알 수 있도록 표시해서 내놓아야 한다. 가전 재활용법률의 대상이 되는 기기(에어컨, TV 브라운관, 냉장고, 세탁기) 및 컴퓨터는 소형의 것이라도 수거 대상에 해당되지 않는다.

■ 대형 쓰레기 처리법

대형 쓰레기는 세로나 넓이, 높이 중의 하나가 50센티 이상 2미터 이하의 물건을 기준으로 하며, 구청 대형 쓰레기 접수센터에 문의하여 편의점의 취급점에 필요한 장 수만큼의 '대형 쓰레기 처리권'을 구입하여 기재 사항을 기재한 후 지정일 오전 8:30 이내에 내 놓아야 한다. 다만, 재활용 처리를 해야하는 대형 쓰레기 대상 품목(에어컨, 브라운관식 TV, 냉장고, 세탁기)은 구입한 전기 상점 또는 새로 구입하는 상점에 수거를 의뢰해야 한다. 이 때, 재활용 요금 및 상점의 수거운반요금을 부담해야 하며, 메이커명을 기재해야 한다.

애완견을 키우고 싶을 때

애완견은 기본적으로 집 주인의 허락
없이는 집 안에서 키울 수 없다. 집 주
인의 허락이 있을 경우에는 사육하기
시작한 지 30일 이내에 주소지의 구청 또
는 보건소에 등록신청을 해야 한다. 다만,
생후 90일이 안된 애완견은 91일이 경
과한 이후에 등록신청해야 한다.

등록신청을 하게 되면 광견병 예방접종을
실시하게 되고 등록증을 발급해 주는데 이 등록증을 애완견의 목걸이
에 부착해야 한다. 한번 등록한 후에는 평생 유효하다. 이사 또는 타
인에게 애완견을 양도할 경우에는 즉시 관할 구청에 다시 신고해야 한
다.

광견병 예방접종은 매년 4월~5월에 구청 또는 공민관 앞 공원 등지에
서 '집단접종' 의 형태로 실시하므로 이를 이용하는 것이 바람직하고,
애완견 주인에게 직접
엽서로 배달되는 경우도
있다. 또, 애완견을 산책
시킬 때는 반드시 봉투
와 티슈를 준비하여 배
설물 등을 깨끗이 처리
해야 한다.

전철 정기권 구매

일본의 전철을 탈 때는 탈 때마다 티켓을 사는 것에 비해 정기권을 구매하는 것이 저렴하다. 정기권은 구간을 정하여 1개월, 3개월 또는 그 이상의 기간을 정하여 구매하는 방식이다.

정기권을 갖고 있는 사람은 해당 기간 동안에 해당 구간 내에서는 이용 회수에 상관없이 이용 가능하므로 경제적이다. 또한, 정기권에 명시된 구간을 넘는 곳으로 이동하는 경우에도 정기권 구간만큼의 요금은 면제되므로 매우 경제적이다.

파스모와 스이카

정기권을 이용하지 않거나, 정기권 이외의 구간을 이용할 경우에는 파스모 또는 스이카를 이용하면 편리하다. 파스모와 스이카는 동일한 기능을 가진 충전식 전철, 버스 복합 카드로서 일일이 티켓을 구매하지 않아도 되므로 시간이 절약되고 전철과 버스 이용시 편리하다.

참고로, 파스모와 스이

카 소지자는 전철 구
내에 설치된 자동판
매기도 터치방식으
로 이용 가능하다.

JR 1일 패스

전철 이용 회수가 많은 경우에는 JR 1일 패스를 구매하는 것이 낫다. 즉, 동경지역의 1일 패스의 요금인 730엔을 넘을 경우에는 730엔짜리 1일 패스를 이용하는 것이 경제적이다. 다만, JR 구간만 사용 가능하므로 이용할 전철의 노선을 확인한 후 구매하는 것이 좋다.

택시를 이용할 때

일본의 택시의 뒷 문은 자동도어로 되어 있으므로 힘으로 닫으려고 하면 안된다. 한국에서처럼 힘껏 밀어서 닫으면 오히려 택시기사가 화를 내는 경우가 있다. 자동문을 수동으로 닫으면 고장을 일으킬 수 있기 때문이다.

일본의 택시요금은 한국에 비해 매우 비싸기 때문에 학생들이나 일반 셀러리맨들도 택시를 잘 이용하지 않는 편이다.

새벽이나 심야에는 할증요금이 적용되고 고속도로 주행시에는 도로이용료를 별도로 지불해야 한다.

3_ 긴급 상황이 발생했을 때

여권을 잃어버렸을 때

여권을 분실했을 경우에는 한국영사관에서 여권 분실 신고 및 여권 재발급 신청을 해야 한다. 이 때, 여권번호와 여권 발행 년월일을 알고 있으면 재발급받기가 수월해진다. 여권 재발급 시에는 외국인등록증과 사진2매를 지참해야 한다. 만약 여권을 도난당했을 경우에는 경찰서 또는 파출소에 여권 도난 신고를 해야 하며, 이 때 여행자 증명서를 발급받아서 한국영사관을 통해 여권 재발급 신청을 해야 한다.

지진이 발생했을 때

지진이 발생하면 전기와 가스를 차단하고 현관 문을 열어두는 것이 기본 원칙이다. 건물의 흔들림이 심할 경우에는 유리나 가구의 파손을 피하여 책상 아래로 대피하는 것이 좋고, 엘리베이터가 있는 경우에는 비상 정지할 경우가 있으므로 비상 계단을 이용해서 피난하는 것이 바람직하다.

야간에 사고로 다쳤을 때

대부분의 병원이 문을 닫은 야간에 사고 또는 부주의로 인해 다쳤을 경우에는 119로 전화를 하여 구급차를 부르는 것이 좋다. 다만, 혼자 가는 것보다는 가까운 사람들에게 연락하여 함께 움직이는 것이 바람직하다.

4_ 일본 주요 전화번호 안내

전화번호 안내 | 104

동경전력 | 03-3501-8111

동경가스 | 03-3433-2111

동경수도국 | 03-5320-5733

전철분실물센터 | 03-3354-4019

동경택시분실물센터 | 03-3648-0300

외국어의료정보센터 | 03-5285-8181

교통정보센터 | 03-3581-7611

일기예보 | 177

유학상담센터 | 03-5348-2025

대한항공(KAL) | 03-5443-3311

아시아나항공(OZ) | 03-5812-6600

일본항공(JAL) | 0570-025-031

전일본공수(ANA) | 0570-029-333

노스웨스트(NW) | 03-3265-6200

유나이티드(UA) | 03-3817-4411

<table>
<tr><td>긴급전화</td><td>경찰   110
교통사고   03-3212-0111
화재, 구급차   119</td></tr>
<tr><td>은행</td><td>국민은행   03-3201-3411
기업은행   03-3586-7304
산업은행   03-3214-4541
신한은행   03-3578-9321
외환은행   03-3216-3561
우리은행   03-3589-2351
제일은행   03-3201-6261
한국은행   03-3313-6961
농협중앙회   03-5351-5631</td></tr>
<tr><td>법률
인권
노동</td><td>외국인인권구제센터   03-3581-2201
법무국 인권옹호상담실   03-3214-6231
외국인노동자변호단   03-3357-5506</td></tr>
</table>

동경출입국관리사무소　03-5796-7111

한국대사관　03-3452-7611

한국영사관 도쿄　03-3455-2601~4

한국영사관 오사카　06-6213-1401

한국영사관 요코하마　045-621-4531

한국무역센터 도쿄　03-3214-6951

한국무역센터 오사카　06-6264-3831

한국무역센터 나고야　052-561-3936

한국무역협회　03-5472-2641

한국관광공사　03-3580-3041

동경중앙우체국　03-3284-9540

오사카 총영사관　06-6213-1401

오사카 입국관리국　06-4703-2100

고베 총영사관　078-221-4853

고베 입국관리국　078-391-6377

나고야 총영사관　052-586-9221

나고야 입국관리국　052-951-2391

관공서

기타신주쿠클리닉 03-5389-2213

김승범내과의원 03-5155-1951

김한상강북병원 03-3898-6151

국제카톨릭병원 03-5951-1111

국립암센터 03-3542-2511

다이산도가네치과 03-5668-6615

동경도립오츠카병원 03-3941-3211

동경도립오쿠보병원 03-5273-7711

동경위생병원 03-3392-6151

동인병원(우에노) 03-3807-8866

동경의대부속병원 03-3815-5411

동경여자의과대학병원 03-3353-8111

동경의과대학병원 03-3342-6111

배한방의원 03-3234-2225

아케보노바시치과 03-3357-4575

알파미용성형외과 03-5389-6777

게이오대학병원 03-3353-1211

한국산부인과 03-5273-8231

리무진버스 도쿄 | 03-3665-7220

리무진버스 요코하마 | 045-459-4800

스카이라이나 | 03-3831-0131

신칸센(전국) | 107

MBC(문화방송) | 03-5500-5871

KBS(한국방송) | 03-3485-5100

SBS(서울방송) | 03-6215-0087

한겨레신문 | 03-3363-4815

연합통신 | 03-3584-4681

YTN(연합뉴스) | 03-5571-4033

한국일보 | 03-3270-9903

서울신문 | 03-3476-1991

세계일보 | 03-5478-0501

매일경제신문 | 03-3257-8786

한국경제신문 | 03-3216-2322

KNTV | 03-5292-2106

帝京大学 테이쿄대학

www.teikyo-u.ac.jp

帝京대학은 1931년 창립된 東京에 자리잡고 있는 帝京그룹중의 대표적인 사립대학으로서, 현재 8개학부 23개학과가 개설되어있다.
帝京대학그룹은 현재 대학3개교, 단기대학4개교, 전문학교8개교, 고등학교10개교, 중학교6개교, 초등학교1개교, 유치원8개교 등 총40개교를 포함하는 교육그룹대학이다.

2011년도 모집안내

테이쿄대학

모집학부 · 학과

경제학부 : 경제학과, 경영학과, 관광경영학과
법학부 : 법률학과
문학부 : 일본문화학과, 교육학과교육학전공, 사학과, 사회학과, 심리학과
외국어학부 : 외국어학과 (영어, 독일어, 프랑스어, 스페인어, 중국어코스)
일본어예비교육과정

테이쿄단기대학

모집학부 · 학과

인간문화학과, 현대비지니스학과

한국현지 입학시험실시

- 출원기간 : 11/8(월) ～11/17(수)
- 필기시험 : 일본어문제
- 면접시험 : 1인당 15분정도(일본어)
- 12/4(토) 오전 9:30～오후3시
   (한국관광공사)

테이쿄대학 입학설명회

- 일자 : 10/9(토), 10/23(토), 11/13(토)
- 장소 : 자넷코리아 서울본사 사무실
- 기타 : 일본유학박람회참가
   (9/11 부산, 9/12 서울)

東京都八王子市大塚359　Tel: 042-678-3237
東京都板橋区加賀2-11-1　Tel: 03-3964-1211
문의처 자넷코리아 02-722-1565　janethome@hanmail.net

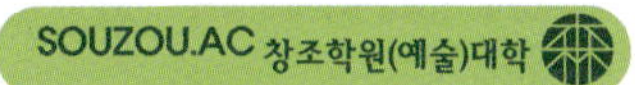

창조학원(예술)대학 다카사키본교

창조학원(예술)대학 도쿄캠퍼스

1 다카사키 본교

음악학부 | 예술학부

환경사회복지학과
유학생별과 (일본어과정)

기타교육기관

다카사키 의료기술전문학교(4년과정) | 다카사키보육전문학교
창조학원대학부속고등학교 | 유치원

만화 애니메이션 게임 영상 성우 뮤직아티스트 모델

2 도쿄캠퍼스

본과 예술학부

애니메이션 | 만화 | 게임 | 영상 | 성우
문예(일본어문화예술)

본과 음악학부 프로뮤직아티스트

유학생별과 일본어과정

University of
Creation TOKYO
창조학원대학 창조예술학부& 유학생별과

본 교 群馬県高崎市八千代町2-3-6 Tel 027-388-2301
동경교 東京都墨田区両国4-38-5 Tel 03-6659-3220
http://www.souzou.ac.jp(일본어) http://www.souzou.co.kr(한국어)
http://souzou.ac(다국어)
문의 korean@souzou.ac

일본 워킹홀리데이와 유학!
이 책 한권으로 바로가기
일본 워킹 유학 & 바로가기
13980
9 788931 517651
ISBN 978-89-315-1765-1
정가 14,000원

꿈은 일본에서 이루어진다!
일본 워킹 유학 & 필수회화
나라유리에(서경대학교 일본어학과 교수)   김대현(자넷코리아 대표)
회화 : MP3무료다운로드 (www.langfac.com)
Nihongo Factory

일본 워킹 유학 & 필수회화

일본 워킹&유학 필수회화

[본책:일본 워킹&유학 바로가기]

2010년 9월 10일 초판 1쇄 인쇄
2010년 9월 15일 초판 1쇄 발행

지은이 | 나라유리에, 김대현
펴낸이 | 이종춘
펴낸곳 | 니혼고팩토리 (성안당)
주　소 | 경기도 파주시 교하읍 문발리 출판문화정보산업단지 536-3
전　화 | 031-955-0511
팩　스 | 031-955-0510
등　록 | 1973. 2. 1. 제13-12호
홈페이지 | www.langfac.com | www.cyber.co.kr
수신자부담 전화 | 080-544-0511
내용문의 | 02-3142-0037

ISBN 978-89-315-1765-1
정가 14,000원

이 책을 만든 사람들
기획총괄 | 조병희
본문디자인 · 삽화 | 오미영
표지디자인 | 김용호
제작 | 구본철

머리말

"교수님, 저 일본 워킹 가요~"라는 말을 자주 듣게 된 최근 3,4년.

젊을 때 외국에 살면서 일을 해 보는 경험은 사람의 시야를 넓게 만들어준다. 언어습득 이상의 효과가 있다. 특히 현지에서 아르바이트를 하게 되면 조금이나마 일본사회의 사회인으로 속하게 되어 일본과 일본인에 대해 교과서에서 공부한 것 이상의 것을 알 기회가 되고, 책임감과 인내심도 길러질 것이다. 그리고 고독도 느껴보고……. 한국 속담에 '젊어서 고생은 사서 한다'라는 말도 있지 않은가.

그러나 일본으로 워킹 홀리데이를 간다는 이야기를 들을 때마다 '평소 일본어를 잘 하기는 해도 그것은 교과서에 나오는 일본어지, 아르바이트에 필요한 일본어를 모르고 가면 고생할 텐데……'라는 생각이 들었다. 일본에서는 일본어가 되지 않으면 다른 사람과 소통하지 않고 몸으로 하는 일 밖에 할 수가 없다. 그러나 기본적인 일본어가 가능하고 인상이 좋다면 일본 사람들과 상호작용이 가능한 일을 할 수 있다.

나는 고2때 처음으로 '조나산'이라는 레스토랑에서 아르바이트를 시작했다. 나는 일본 사람이고 일본에서 아르바이트를 하는 것이었지만 "어서 오세요. 창가자리 괜찮으시겠어요?" 등 레스토랑에 쓰는 점원의 접객 용어는 별도로 교육을 받아서 그 말을 그냥 암기해서 말했었다. 또, 대학생이 된 후 디즈니랜드에서 퍼레이드 방송 아르바이트를 했을 때에도 매우 긴 문장이었기 때문에 일본 사람인 나도 힘들여서 완전히 암기해야 했다.

그래서 '그래, 일본 사람도 아르바이트 접객 용어는 암기다. 그럼 한국 유학생들도 미리 암기해서 가면 편하겠다.'라는 생각이 들었다.

이 책은 일본에 가서 아르바이트를 하는 사람들이 상황에 따라 암기해 두면 도움이 될 만한 표현을 모았다. 면접 유의사항이나 아르바이트를 하면서 문제가 생겼을 때 일본인의 문화에 맞게 해결할 수 있는 표현도 수록하였다. 물론 식당의 음식 종류나 분위기에 따라 쓰는 표현이 조금씩 다르지만, 기본적인 아르바이트 용어는 정해져 있기 때문에 이 책으로 미리 공부를 하고 간다면 좀 더 좋은 아르바이트를 구할 수 있고, 좋은 이미지로 일할 수 있을 것이라고 생각한다.

마지막으로 이 책을 내도록 해 주신 니혼고팩토리 임직원들, 김대현 사장님, 예쁘게 편집해 준 미영, 번역 도와준 혜정언니, 이금주씨……, 감사합니다!

2010년 8월 서경대 교정에서

나라유리에

목차 일본 워킹&유학 필수회화

이 부분은 원어민 녹음이 되어 있습니다.
무료 다운로드 | www.langfac.com

목차 | 본책〈일본 워킹&유학 바로가기〉

아르바이트모집
- 도시락 판매, 조리
- 시급: 1,000엔
- 시간: 24시간
(자유선택)
도전해
봐야지!

아르바이트 구하기 흐름을 알자!

1 일본 아르바이트 정보 보기

중요 키워드

職種 (しょくしゅ)
직종

- **販売** (はんばい) 판매
- **コンビニ** 편의점
- **調理** (ちょうり) 요리
- **キッチンスタッフ** 키친 스텝 (주방 보조)
- **接客** (せっきゃく) 접객
- **ホールスタッフ** 홀 스텝 (홀 담당)
- **軽作業** (けいさぎょう) 가벼운 작업
- **アパレル** 의류
- **レジ** 계산

条件 (じょうけん)
조건

- **時給** (じきゅう) 시급
- **日給** (にっきゅう) 일급
- **月給** (げっきゅう) 월급
- **〜以上** (いじょう) 이상

- シフト<ruby>制<rt>せい</rt></ruby> 근무시간 선택제
- <ruby>早朝<rt>そうちょう</rt></ruby>・<ruby>深夜<rt>しんや</rt></ruby><ruby>手当<rt>てあて</rt></ruby><ruby>有<rt>あ</rt></ruby>り 조조 심야 수당 있음
- <ruby>交通費支給<rt>こうつうひしきゅう</rt></ruby> 교통비 지급
- <ruby>未経験<rt>みけいけん</rt></ruby> 미경험(자)
- <ruby>歓迎<rt>かんげい</rt></ruby> 환영
- <ruby>経験者<rt>けいけんしゃ</rt></ruby> 경험자
- <ruby>優遇<rt>ゆうぐう</rt></ruby> 우대
- フリーター 자유직업인 (종일제 아르바이트 가능한 사람)
- まかない(<ruby>食事<rt>しょくじ</rt></ruby>) 식사제공
- <ruby>短期<rt>たんき</rt></ruby> 단기
- <ruby>長期<rt>ちょうき</rt></ruby> 장기
- <ruby>社員登用有<rt>しゃいんとうようあ</rt></ruby>り 사원등용 있음 (정직원 승진 가능)
- オープニング 신규 오픈 가게
- <ruby>駅<rt>えき</rt></ruby>チカ 역에서 가까움
- <ruby>駅<rt>えき</rt></ruby>ナカ 역 안에 있음
- アクセス 교통편
- <ruby>勤務地<rt>きんむち</rt></ruby> 근무지

JR東京駅構内に3月下旬OPEN「ふるさと料理●●」で
オープニングスタッフ大募集!

お総菜・お弁当のカウンター販売・簡単な調理
給与 時給1000円以上【早朝・深夜手当有り】
22時以降は時給25%UP!

交通費支給｜シフト制｜オープニング｜駅チカ・駅ナカ｜未経験
OK｜大学生歓迎｜まかない付

お客様との出会い、仲間との出会い、そして新しい自分との出会
い…そんな出会いを作るJR東京駅構内が職場です! 今まで家
事でやっていた料理経験も活かせます! OPEN研修もみんなで
やるので、未経験の方もしっかりサポートするので安心♪
ふるさと料理●●

▌체크해 봅시다!

1. 식사를 제공해 주는지?

2. 교통비를 주는지?

3. 밤 10시 이후에 근무하면 시급이 얼마가 되는지?

4. 미경험자도 되는지?

:·: 해석 & 답

JR 동경역 구내에서 3월하순, 오픈하는 [고향 요리 ●●]에서 오프닝 스탭 대 모집!

반찬과 도시락 카운터 판매 · 간단한 조리

급여 시급 1000엔 이상 〈새벽 및 심야 수당 있음〉

22시 이후는 시급 25% up!

교통비 지급 | 시프트 제 | 오프닝 | 역 주변 · 역 안 | 미경험자 OK | 대학생 환영 | 식사제공

고객과의 만남, 동료와의 만남, 그리고 새로운 자신과의 만남. 그러한 만남을 만드는 JR 도쿄역 구내 직장입니다! 지금까지 집안 일로 하고 있던 요리 경험을 살릴 수 있습니다. 오픈 연수도 모두 합니다. 미경험자도 확실하게 서포트 하기 때문에 안심! 고향요리●●

1. 식사를 제공해 준다   2. 교통비를 준다

3. 밤 10시 이후는 1250엔이 된다   4. 미경험자도 된다

Track 03

週1日〜OK! だから学生さん、フリーターさんに大人気のバイトなんです! しかも稼げるしね♪

（1）短期＆週1日〜OK　引越アシスタント　（2）梱包staff

短期 8:30-16:30

給与 日給8000〜9000円

日収例1万3221円/残業3hの場合

アクセス 勤務地：複数

勤務支社により異なります。

シフト制｜社員登用あり｜オープニング｜車・バイクOK｜未経験OK｜大学生歓迎

定時が16：30だから、残業してもラックラク♪ 残業代は、なんと、1分単位で支給されるから無駄なく稼げるんです。関東エリアの43支社から、通いやすい支社を選んでOK! この春、●●引越センターでバイトデビューしませんか?

▌체크해 봅시다!

1. 근무지가 어디인지?

2. 교통비가 나오는지?

3. 식사를 제공해 주는지?

4. 단기근무가 가능한지?

해석 & 답

주 1일도 OK！그렇기 때문에 대학생에게도, 프리터에게도 인기가 많은 아르바이트 입니다. 게다가 돈도 벌수 있고！

(1) 단기 & 주1일도 OK, 이사 어시스턴트 (2) 짐을 꾸리는 일 STAFF

단기: 8:30 ～ 16:30 ／ 급여: 일급 8000엔～ 9000엔

일일 수입 예: 1만 3221엔 /잔업 3시간의 경우

억세스 근무지: 복수 (근무지사에 따라서 다릅니다)

시프트제 | 사원등용경우 있음 | 오프닝 | 차, 오토바이 OK | 미경험자 OK | 대학생 환영

(근무) 정시가 16:30분이기 때문에, 잔업을 해도 편함♪ 잔업 시 급여는 무려 1분 단위로 지급되기 때문에 시간을 낭비하는 일 없이 돈을 벌 수 있습니다. 관동 지역의 43개 지사로부터, 다니기 쉬운 지사를 선택해도 OK！

이번 봄 ●●이사센터에서 아르바이트 데뷔를 하시지 않겠습니까？

1. 여러군데 있다　　2. 교통비는 안 나온다

3. 식사를 제공하지 않는다　　4. 1일부터 단기근무가 가능하다

20代staff大活躍★春からレギュラーバイトは●●ホテル♪
社会人スキルが身につけられます!

[1]フロント [2]ベル [3]レストラン・キッチンスタッフ
給与[1][2]時給1000円以上 [3]1000〜1100円
スタッフ特典あり
アクセス 勤務地:文京区 水道橋駅徒歩3分、後楽園駅徒歩5分

交通費支給 | シフト制 | 社員登用あり | 駅チカ・駅ナカ | 未経験OK

東京ドームで開催される野球観戦・イベント・コンサート等に来てご宿泊されるお客様がたくさんいらっしゃいます。働きながら、お客様と一緒に、ワクワクできるのが魅力! また、海外からいらっしゃるお客様も多数! 英語を活かした接客もできますヨ♪

●●ホテル

┃ 체크해 봅시다!

1. 어떤 직종이 있는지?

2. 교통비를 주는지?

3. 식사를 제공해 주는지?

4. 영어가 가능하면 우대를 받는지?

해석 & 답

20대 스태프 대 활약! 봄부터 레귤러 아르바이트는 ●● 호텔! 사회인의 스킬을 익히실수 있습니다!

[1] 프론트 [2] 벨 [3] 레스토랑 · 키친 스탭

급여 [1] [2] 시급 1000엔 이상 [3] 1000~1100엔

스탭 특전 있음. 억세스 근무지: 분쿄구 스이도우 바시역 도보로 3분, 코라쿠엔 역 도보로 5분.

교통비 지급 | 시프트 제 | 사원등용 있음 | 역 주변 · 역내 | 미경험자OK

도쿄돔에서 개최되는 야구관전 · 이벤트 · 콘서트 등으로 와서 숙박하시는 고객이 많이 계십니다. 일하면서 고객과 함께 두근거리는 경험을 할 수 있는 것이 매력! 또한, 해외로부터 오시는 고객들도 다수! 영어능력을 살릴 수 있는 접객도 할 수 있어요! ●●호텔

1. 호텔 프런트, 벨보이, 호텔 내 레스토랑의 주방 보조   2. 교통비를 준다   3. 식사를 제공하지 않는다   4. 영어가 가능하면 우대 받는다

錦糸町駅直結! この春、●●シティ内に「●●ブック」がオープン! スタッフ大募集

[A]【オープニングスタッフ】本・CD・ゲームの買取・販売スタッフ

給与 時給900円〜1200円

※22時以降は基本時給の25%UP

アクセス 勤務地:複数 JR地下鉄半蔵門線「錦糸町」駅直結

交通費支給 | シフト制 | 社員登用あり | オープニング | 駅チカ・駅ナカ | 未経験OK | 大学生歓迎

本の買取、販売、陳列から接客まで、「本」に関する幅広いお仕事をお任せします。「笑顔のある仕事がしたい」「チームワークを大切にできる」…そんな方なら未経験でもすぐに活躍できます! 採用後、即日勤務OK! オープンに向けトレーニングスタート! ●●ブック ●●シティ錦糸町店

▌체크해 봅시다!

1. 근무시간을 선택할 수 있는지?

2. 교통비를 주는지?

3. 식사를 제공해 주는지?

4. 새로 오픈하는 가게인지?

킨시쵸역에 직결! 이번 봄 ●●시티내의 「●●북」이 오픈! 스탭 대 모집!

[A] 【오프닝 스탭】 책 · CD · 게임의 매입 · 판매 스탭

급여: 시급 900엔~1200엔

※22시 이후의 근무는 기본 시급의 25% UP

억세스 근무지 : 복수, JR지하철 한조몬선 긴시쵸역에 직결

교통비 지급 | 시프트 제 | 사원등용 있음 | 오프닝 | 역 주변 · 역안 | 미경험자 OK | 대학생 환영

책의 매입, 판매, 진열부터 접객까지, "책" 에 관련된 폭 넓은 일을 맡깁니다. "미소가 있는 일을 하고 싶다", "팀워크를 소중히 할 수 있다" 그러한 분이시라면 미경험자여도 바로 활약 하실 수 있습니다. 채용 후, 당일 근무도 OK! 오픈을 향해 트레이닝 스타트! ●●북 ●●시티 긴시쵸점

1. 근무시간은 선택할 수 있다   2. 교통비를 준다

3. 식사를 제공하지 않는다   4. 새로 오픈하는 가게이다

Track 06

春に向けて新しくスタート♪ ●●コンビニ北新宿4丁目店でスタッフ緊急募集

コンビニ経験半年以上優遇!
給与（経験者)時給 (1)950円～ (2)930円～ (3)1100円～
アクセス 勤務地：新宿区
JR「東中野」駅徒歩7分、「大久保」駅徒歩8分

交通費支給

フリーターさん大歓迎♪ 全時間帯で、一斉募集! コンビニ経験半年以上の方、優遇します!! やりがいもたくさんの●●コンビニスタッフ☆一緒に仲間になりませんか。

▌체크해 봅시다!

1. 어떤 사람이 우대되는지?

2. 어떤 사람을 환영하는지?

3. 교통비를 주는지?

4. 식사를 제공해 주는지?

해석 & 답

봄을 향해서 새롭게 스타트! ●● 편의점 키타 신주쿠 4번가 점에서 스탭 긴급 모집!

편의점 경험 반 년 이상인 분 우대!

급여(경험자): 시급 (1) 950엔 부터 (2) 930엔 부터 (3) 1100엔 부터

억세스 근무지: 신주쿠 구

JR 시가시나카노 역에서 도보로 7분. 오오쿠보 역에서 도보로 8분.

교통비 지급.

프리타 대 환영! 모든 시간대, 일제히 모집! 편의점 경험 반 년 이상인 분 우대합니다! 보람이 많은 ●●편의점 스탭 ☆ 함께 동료가 되시지 않으시겠습니까?

1. 편의점 아르바이트 경험 6개월 이상자   2. 종일제 아르바이트 환영

3. 교통비를 준다   4. 식사를 제공하지 않는다.

Track 07

。・☆オープン1年の新しいスーパー☆・。西船橋駅徒歩3分♪
学校や家事との両立も◎

駅チカのスーパーのスタッフ
給与　時給900円以上
※社員登用有
アクセス　勤務地：船橋市　JR・東西線西船橋駅徒歩3分　南口出てスグ

交通費支給

学校や家事との両立をしているスタッフ多数! たとえば・・・学校帰りに夕方からバイト! Wワークで稼いじゃう! 子育てが落ち着いたので夕方から夜の時間を活用! など、ライフスタイルに合わせて働いています。実際に学生〜主婦まで幅広い世代が活躍してます!

체크해 봅시다!

1. 근무시간을 선택할 수 있는지?
2. 교통비를 주는지?
3. 식사를 제공해 주는지?
4. 새로 오픈하는 가게인지?

해석 & 답

오픈 1년째의 새로운 슈퍼! 니시후나하시 역에서 도보로 3분!

학교와 가사와의 양립도 ◎

역에서 가까운 슈퍼마켓의 스탭

급여: 시급 900엔 이상 ※사원등용 있음

억세스 근무지: 후나바시시 JR 토자이선 니시후나하시역에서 도보로 3분. 남쪽 출입구로 나와서 금방. 교통비 지급.

학교와 가사일과의 양립을 하고있는 스탭 다수! 예를 들어, 하교길에 저녁부터 아르바이트! W워크(더블워크)로 돈을 벌자! 육아가 안정되었기 때문에 해질녁부터 밤의 시간을 활용하는 등, 라이프 스타일에 맞추어 일하고 있습니다. 실제로 학생부터 주부까지 폭넓은 세대가 활약하고 있습니다.

1. (학교나 집안일과 병행할 수 있도록) 시간을 선택하는 파트타임 가능.

2. 교통비를 준다   3. 식사를 제공하지 않는다

4. 오픈한지 1년 지난 슈퍼마켓

2 응모

전화를 걸기 전에,

1. 전화하려고 하는 근무처의 정보를 보면서 통화합시다!

2. 질문 사항을 미리 정리해서 메모해 둡시다!

3. 음식점인 경우, 손님많은 시간대 (11-14시, 17-21시) 에는 전화하지 맙시다!

Track 08

店員 ｜ ●●カフェ渋谷店でございます。
●●카페 시부야입니다.

キム ｜ ▲▲でそちらの求人情報を見て、お電話しま
▲▲에서 그쪽의 구인정보를 보고 전화를 했습니다.

した、キムと申します。アルバイト採用ご担
김재영이라고 합니다. 아르바이트 채용

当者の方はいらっしゃいますか？
담당자분 계십니까?

店員 ｜ 少々お待ちください
잠깐 기다려주세요.

採用担当者 ｜ お電話かわりました。佐藤です。
전화 바꾸었습니다. 사토입니다.

キム ｜ ▲▲でそちらの求人情報を見て、お電話しま
▲▲에서 그쪽의 구인정보를 보고 전화를 했습니다.

した、キムと申します。キッチンスタッフに
김재영이라고 합니다. 주방 보조에

応募をしたいのですが。
응모하고 싶습니다만.

採用担当者 キムさんは、どちらの方ですか。
김재영씨는 어느 나라 사람입니까?

キム 韓国です。
한국입니다.

採用担当者 そうですか。では、まず面接にお越しいただ
그렇습니까? 그럼, 우선 면접하러 오셨으면

きたいのですが、ご都合のよい日時はありま
합니다만, 편한 날짜와 시간이 어떻게

すか。
되시나요?

キム 平日の午前は日本語学校の授業がありますの
평일 오전은 일본어 학교의 수업이 있어서요,

で、午後以降なら大丈夫です。
오후 이후라면 괜찮습니다.

採用担当者 それでは、明日の午後3時はいかがでしょうか。
그럼, 내일 오후 3시는 어때요?

キム はい、わかりました。その際に何か必要な
예, 알겠습니다. 그때 뭔가 필요한

物はありますか。
것은 없습니까?

採用担当者 写真を添付した履歴書を持ってきてください。
사진을 첨부한 이력서를 가지고 와 주세요.

キム わかりました。それでは、明日、
알겠습니다. 그럼, 내일

3時にうかがいます。
3시에 찾아뵙겠습니다.

採用担当者 お待ちしております。
기다리고 있겠습니다.

キム よろしくお願いします。失礼します。
잘 부탁드립니다. 실례가 많았습니다.

  Track 09

「あらためてお電話したいのですが、何時ごろがよろしいでしょうか。」 다시 전화하고 싶습니다만, 몇 시쯤이 좋으신지요?

― お名前 (漢字)：金 宰英　성과 이름은 한 칸 띈다

― お名前 (ふりがな)：きむ じぇよん

성과 이름 한 칸 띈다. (　)안이 「(フリガナ)」와 같이 가타카나로 되어있는 경우.

이름도 「キム ジェヨン」와 같이 가타카나로 쓴다.

― メールアドレス：kimjy0301@docomo.ne.jp

핸드폰 주소를 쓰는 것이 좋다.

― 生年月日：1988. 03. 01

― 性別：女　男　선택

― 電話番号：090-1234-5678　핸드폰 번호를 쓰는 것이 좋다.

― 現在のご職業：大学生　専門学校生

フリーター　無職　등 중에서 선택

- 郵便番号：1790072

- 住所：東京都　練馬区

利用規約 읽고 체크 표시

入力内容を確認する 를 클릭

応募する 를 클릭

お名前なまえ 성함 ｜ 漢字かんじ 한자 ｜ メールアドレス 메일주소 ｜ 生年月日せいねんがっぴ 생년월일 ｜ 性別せいべつ 성별 ｜ 女おんな 여 ｜ 男おとこ 남 ｜ 電話番号でんわばんごう 전화번호 ｜ 現在げんざいのご職業しょくぎょう 현재 직업 ｜ 大学生だいがくせい 대학생 ｜ 専門学校生せんもんがっこうせい 전문학교생 (일본어학교도 해당) ｜ フリーター 프리터 (워킹홀리데이도 해당) ｜ 無職むしょく 무직 ｜ 郵便番号ゆうびんばんごう 우편번호 ｜ 住所じゅうしょ 주소 ｜ 利用規約りようきやく 이용규약 ｜ 入力内容にゅうりょくないようを確認かくにんする 입력내용을 확인한다 ｜ 応募おうぼする 응모한다

履 歴 書 ❶ 年　月　日現在

ふりがな ❷		
氏　名		

사진 첨부

일본에서는 3×4가

기본사이즈입니다.

年　月　日生（満　　歳）	※
	男・女

ふりがな	電話
現住所 〒	

ふりがな	電話
連絡先 〒　　　（現住所以外に連絡を希望する場合のみ記入）	

年	月	学歴・職歴（各別にまとめて書く）
		❸　　❹

年	月	免許・資格
		❺

<table>
<tr><td colspan="2">志望の動機、特技、好きな学科、アピールポイントなど

❻ ❼</td><td colspan="2">通勤時間

約　　　時間　　　分</td></tr>
<tr><td colspan="2"></td><td colspan="2">扶養家族数（配偶者を除く）

　　　　　　　　人</td></tr>
<tr><td colspan="2"></td><td>配偶者

※ 有・無</td><td>配偶者の
扶養義務

※ 有・無</td></tr>
</table>

本人希望記入欄（特に給料・職種・勤務時間・勤務地・その他についての希望などがあれば記入）

①

일본에서는 공식문서에서는 일본의 연호인 「平成」을 쓴다.

平成 22年　　　2010年

23年　　　2011年

24年　　　2012年

②

(ふりがな) 의 경우 「きむ じぇよん」와 같이 히라가나로 쓰고,
(フリガナ) 의 경우 「キム ジェヨン」와 같이 가타카나로 쓴다.

③

1번째 줄에 「学歴がくれき(학력)」라고 써서, 초등학교 졸업, 중학교 졸업, 고등학교 입학, 고등학교 졸업, 대학교 입학의 순으로 기입한다.

④

직장 다닌 경험이 있는 사람은 「職歴しょくれき(직력/경력)」을 쓰고, 아르바이트 경력도 참고로 쓴다.

⑤

일본어시험, 영어시험, 운전면허, PC기술 등을 기입.

❻ 성격, 특기 등 어필 예문

★ 리더십을 어필

韓国で大学3年生のときに、学生会の会長を務めました。文化祭やスポーツ大会の企画・運営を主に行いました。リーダーとしてみんなの意見を調整して、行事をすすめていくことで多くのことを学びました。

한국에서 대학교 3학년때 학생회 회장을 맡았습니다. 축제나 스포츠 대회의 기획운영을 주로 했습니다. 리더가 되어 모두의 의견을 조정해서 행사를 추진해가면서 많은 것을 배웠습니다.

★ 사교적인 성격을 어필

韓国の大学ではバンドサークルに所属していました。イベントがあると1年生から4年生までが一眼となって準備します。またイベントのあとの交流会には卒業生も参加します。そのような多くの人々との出会いが楽しく、人と関わるのが好きです。

한국의 대학에서는 음악 밴드 동아리에 소속되어 있었습니다. 이벤트가 있으면 1학년부터 4학년까지 일심 단결하여 준비를 합니다. 또한 이벤드 후의 뒷풀이에는 졸업생도 참가합니다. 이런 많은 사람들과의 만남을 즐겁게 생각하고 있으며, 사람들과 어울리는 것을 좋아합니다.

自分で引き受けたことは最後まで最前を尽くすのが私の長所だと思います。大学で難しい課題が出されても、インターネットでじっくり調べたり、先輩に質問をしてみたりと、考えられるあらゆる方法でよりよい課題が作成できるように努力してきました。

스스로 맡은 일은 끝까지 최선을 다하는 것이 나의 장점이라고 생각합니다. 대학에서 어려운 과제를 받으면, 인터넷으로 철저히 조사하거나 선배에게 질문 해 보거나 하는 등 생각할 수 있는 모든 방법으로 보다 좋은 과제를 작성할 수 있도록 노력해 왔습니다.

小学生のころから十年以上、多くのボランティアに参加してきました。その中で、子どもからお年寄りまで多くの方とお会いしてきました。ボランティアをする中で、経験豊かな年上の方からアドバイスを頂いたり、また私より若い人のめんどうを見たりしてきました。そのため、どんな年齢の方とも上手にコミュニケーションがとれるようになりました。

초등학교 무렵부터 십년 이상 많은 봉사활동에 참가해 왔습니다. 그러는 동안 나이 어린 사람부터 어르신들까지 많은 분들과 만날 수 있었습니다. 봉사활동을 하면서 경험이 풍부한 어른들에게 어드바이스를 받거나 혹은 저보다 어린 사람을 도와주거나 해 왔습니다. 그 때문에 어떤 연령의 분들과도 자연스럽게 커뮤니케이션을 할 수 있도록 되었습니다.

★ 체력에 자신이 있는 것을 어필　Track 14

中学、高校とサッカーを続け、また大学に入ってからはスポーツジムで毎日ランニングを続けてきました。体力には自信があるので、長時間の労働や力仕事でも笑顔でできると思います。

중학교와 고등학교 시절에는 축구를 했고, 대학에 들어가서는 스포츠 클럽에서 매일 운동을 계속했습니다. 체력에는 자신이 있기 때문에 긴 시간의 근무나 힘을 쓰는 일이라도 웃음을 잃지 않고 할 수 있으리라고 생각합니다.

日本語の勉強やギターの練習を、毎日こつこつと続けてきました。小さなことを、毎日少しずつ積み上げていき、少しずつ伸びていることを実感するとき、とてもうれしくなります。

일본어 공부나 기타 연습을 매일 꾸준히 계속해 왔습니다. 작은 것을 매일 조금씩 쌓아가면서 조금씩 향상되는 것을 실감할 때에 큰 키쁨을 느낍니다.

❼ 지원동기 예문

日本に旅行で来ていたときからよく利用していました。まだ日本語がよくわからなかった私にも親切な店員さんが印象的でした。そのときの親切な店員さんは、日本旅行の一つの大切な思い出として、今でも私の心に残っています。私も同じように、多くのお客様が気持ち良く利用できるお手伝いがしたいと思い、応募しました。

일본에 여행으로 왔을 때부터 자주 이용했습니다. 아직 일본어를 잘 모르던 나에게도 친절한 점원분이 인상적이었습니다. 그 때의 친절한 점원분은 일본 여행의 하나의 소중한 기억으로 지금까지 제 마음에 남아 있습니다. 나도 그분과 마찬가지로 많은 손님들이 기분좋게 이용할 수 있도록 돕고 싶어서 응모했습니다.

★ 경험을 살릴 수 있다 

韓国（かんこく）でもコンビニエンスストアでアルバイトをした経験（けいけん）があります。もちろん日本（にほん）と韓国（かんこく）ということで違（ちが）いもあるとは思（おも）いますが、自分（じぶん）の経験（けいけん）を生（い）かせると思（おも）い、応募（おうぼ）しました。

한국에서도 편의점에서 아르바이트를 한 경험이 있습니다. 물론 일본과 한국이 차이점이 있겠지만, 제 경험을 살릴 수 있다는 생각이 들어서 응모했습니다.

将来、SEの仕事をしたいと考えていて、いくつかの資格を取り、勉強も続けています。このアルバイトを通じて、将来の仕事に生かせることを学びたいと思い、応募しました。

앞으로 시스템 엔지니어의 일을 하고 싶어서 몇 개의 자격증을 취득하고 공부도 계속해 왔습니다. 이 아르바이트를 통해 장래의 직업에 도움이 될 수 있는 것을 배우고 싶어서 응모했습니다.

韓国で多くのボランティアを経験してきました。特に施設で食事の手伝いを多くしてきました。食事というのは、作り手の心一つで、さらにおいしくなるものだと思いました。また、その時に料理が好きであることに気が付きました。アルバイトでも料理をしたいと思い、応募いたしました。

한국에서 많은 봉사활동을 경험했습니다. 특히 시설에서 음식 도우미를 자주 했습니다. 음식이란 만드는 사람의 정성 하나로 더욱 맛있게 되는 것이라고 생각했습니다. 그리고 그 때 요리를 좋아한다는 것을 알게 되었습니다. 아르바이트로도 요리를 하고 싶어서 응모했습니다.

★ 집에서 가깝다　Track 20

_き貴_{てん}店は_じ自_{たく}宅から_{ちか}近く、_じ自_{てん}転_{しゃ}車での_{つう}通_{きん}勤が_か可_{のう}能です。_{わたし}私は_に日_{ほん}本_ご語の_{べん}勉_{きょう}強とアルバイトを_{りょう}両_{りつ}立するためには、_じ自_{たく}宅の_{ちか}近くでアルバイトをするのがいいと_{かんが}考えています。また_{いえ}家が_{ちか}近いので、_{そう}早_{ちょう}朝や_{しん}深_や夜のシフトでも_む無_り理なくできますし、_{ほか}他のスタッフが_{きゅう}急_{よう}用の_{とき}時などにも_{じゅう}柔_{なん}軟に_{たい}対_{おう}応できると_{おも}思います。

귀 업소는 저희 집에서 가까워서 자전거로 통근이 가능합니다. 저는 일본어 공부와 아르바이트를 양립하기 위해서는 집 근처에서 아르바이트를 하는 것이 좋을 것이라고 생각했습니다. 또한 집이 가깝기 때문에 아침 일찍이나 심야 시간에도 충분히 일할 수 있으며, 다른 종업원이 급한 일이 생겼을 때 유연하게 시간을 조정해서 일할 수 있습니다.

일본에서는 「十分前行動(10분전 행동)」이라는 말이 있습니다. 모든 것이 약속 시간에 10분전에는 완료되어야 된다는 거죠. 면접 때도 약속 시간에 10분전에 가도록 합시다. 너무 화려하거나, 너무 캐주얼한 복장은 면접 매너가 아닙니다. 세미 정장정도의 복장으로 가는 것이 무난합니다.

 전체 흐름

1 가게에 들어가서 담당자를 찾을 때

「こんにちは。アルバイトの面接でうかがいました、キムと申します。佐藤様はいらっしゃいますか。」

안녕하세요. 아르바이트 면접으로 온 김이라고 합니다. 사토씨 계십니까?

2 방에 안내를 받아서 면접담당자가 있는 방 앞에서

노크를 하고, 「どうぞ。 들어오세요. 」 라는 소리를 듣고 나서
「失礼します。 실례하겠습니다. 」 라고 말하면서 방에 들어간다.

3 담당자와 만나면 인사를 합시다

「キムと申します。よろしくお願いします。」
김이라고 합니다. 잘 부탁드립니다.

「お座りください。 앉으세요. 」라는 말을 듣고 나서 앉읍시다.

4 면접 중에 좋은 인상을 주기 위해

어깨를 펴고 등받이에 기대지 맙시다. 다리를 꼬거나 팔짱을 끼는 것은 매너가 아닙니다. 또한 상대방과 이야기를 할 때는 긍정적인 태도로 상대방의 눈을 보면서 이야기하고, 최대한 활력이 있는 사람으로 보이는 것이 좋습니다. 목소리를 너무 작게 해서 이야기 하거나 지나치게 긴장한 모습을 보여주는 것은 좋지 않습니다.

5 면접이 끝나고

일어서서 「ありがとうございました。 감사합니다. 」라고 하면서 정중히 허리를 숙여 인사를 합니다. 방에서 나갈 때에는 면접한 사람을 보면서 「失礼します。 실례하겠습니다. 」라고 말하고 문을 닫습니다.

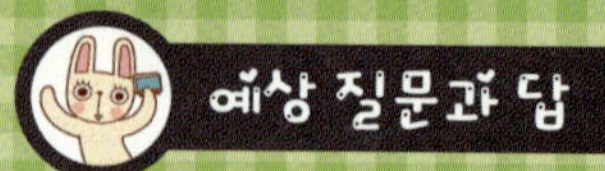

1 Track 21

いつ日本に来ましたか？　언제 일본에 왔습니까?

日本には長いんですか？　일본에는 오래 계셨습니까?

日本には3月に来ました。ワーキングホリデービザで、1年間滞在する予定です。

일본에는 3월에 왔습니다. 워킹홀리데이 비자로 1년간 체재할 예정입니다.

2 Track 22

日本語はどこで勉強しましたか？

일본어는 어디에서 공부했습니까?

日本語はいつから勉強していますか？

일본어는 언제부터 공부했습니까?

日本語はどれくらいできますか？

일본어는 어느 정도 할 수 있습니까?

〈첫번째〉日本語は韓国で2年間、塾に通って勉強しました。日本語能力試験のN2を持っていて、日常会話なら大丈夫です。また、ひらがな・カタカナと大体の漢字も読むことができます。

일본어는 한국에서 2년동안 학원에 다니면서 공부했습니다. 일본어능력시험 N2를 가지고 있어서 일상회화는 가능합니다. 또한 히라가나·가타카나와, 자주 쓰이는 한자도 읽을 수 있습니다.

〈두번째〉日本語は大学で専攻していましたが、会話が少し弱いです。読み書きには自信があります。会話も、この日本の生活で毎日積極的に使って、早く慣れようと思っています。

일본어는 대학에서 전공했습니다만, 회화가 조금 약합니다. 읽기와 쓰기는 자신이 있습니다. 회화도 이번 일본 생활에서 매일 적극적으로 사용해서 빨리 능숙해지고 싶습니다.

3

この店を利用したことはありますか？

이 가게를 이용한 적이 있습니까?

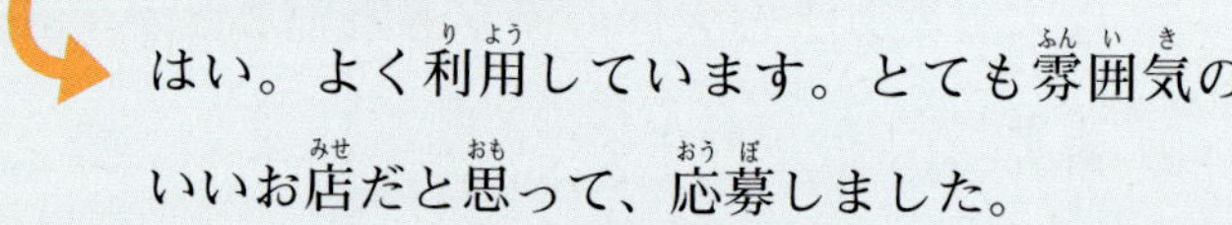

はい。よく利用しています。とても雰囲気の
いいお店だと思って、応募しました。

예. 자주 이용했습니다. 매우 분위기가 좋은 가게라고 생각해서 응모했습니다.

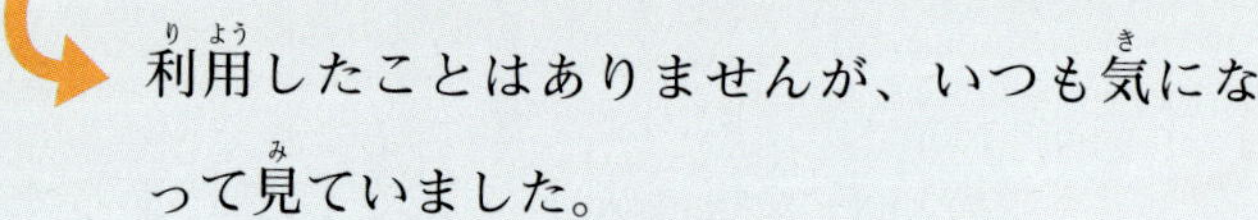

利用したことはありませんが、いつも気にな
って見ていました。

이용한 적은 없습니다만 항상 호기심 있게 보고 있었습니다.

4 Track 24

応募した理由は？ 응모한 이유는?

応募の動機は？ 응모 동기는?

この職種を選んだのはなぜですか？

왜 이 직종을 선택했습니까?

 이력서에 쓴 내용을 참조해서 자연스럽게 말할 수 있도록 반복해서 연습하세요!

5  Track 25

学生時代にがんばったことは何ですか？

대학시절에 열심히 열중했던 것은 무엇입니까？

あなたの長所は？ 당신의 장점은？

 이력서에 쓴 내용을 참조해서 자연스럽게 말할 수 있도록 반복해서 연습하세요!

6　Track 26

これまでに経験（けいけん）したアルバイトは？

지금까지 경험한 아르바이트는?

どんなアルバイトをしていましたか？

어떤 아르바이트를 하고 있었습니까?

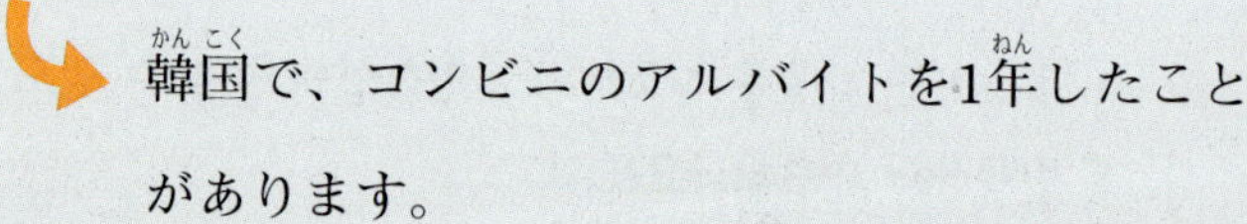

韓国（かんこく）で、コンビニのアルバイトを1年（ねん）したことがあります。

한국에서 편의점 아르바이트를 1년 동안 한 적이 있습니다.

7　Track 27

いつから働（はたら）けますか？　언제부터 일할 수 있습니까?

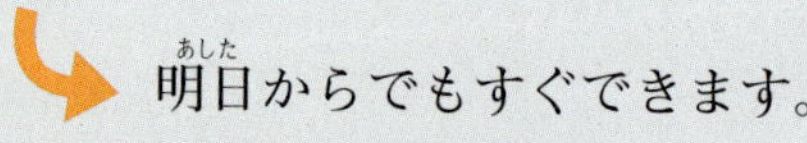

明日（あした）からでもすぐできます。

내일 부터라도 바로 할 수 있습니다.

今月いっぱいは、日本語学校が始まったばかりで、色々と行事があるので、来月からできます。

이번 달 말일까지는 일본어 학교가 시작된지 얼마 안돼서 여러 가지 행사가 있기 때문에 다음달부터 가능합니다.

8 Track 28

通勤時間ははどのくらいかかりますか？

통근시간은 어느 정도 걸립니까?

電車で30分くらいかかります。

전차로 30분정도 걸립니다.

自転車で10分くらいです。

자전거로 10분정도입니다.

  Track 29

週に何日くらい、一日何時間くらい働けますか？ 일주일에 몇일 정도, 하루에 몇시간 정도 일할 수 있습니까?

↳ 特にできない時間はありません。

특별히 일하기 곤란한 시간은 없습니다.

↳ 平日は日本語学校があるので、午後からならできます。 평일은 일본어 학교에 가야해서 오후부터 가능합니다.

10 Track 30

土日は働けますか？ 토요일에 일할 수 있습니까?

↳ はい。土日は大丈夫です。

예. 토요일은 괜찮습니다.

 土曜日の夕方は日本語の勉強会があるので、
午後3時までなら大丈夫です。

토요일 저녁은 일본어 스터디가 있어서 오후 3시까지라면 괜찮습니다.

11  Track 31

残業できますか？ (잔업을 할 수 있습니까?)

 地下鉄の終電までなら大丈夫です。

지하철 막차시간까지 괜찮습니다.

 学校が朝早いので、11時までならできます。

학교에 아침 일찍 가야해서 11시까지 가능합니다.

12 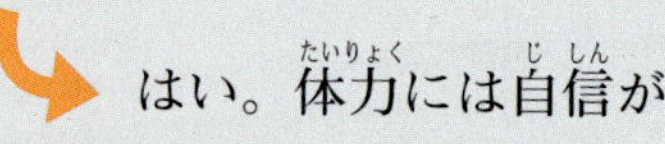 Track 32

他の人が急に休んだときに来ることができますか？ 다른 사람이 갑자기 쉬었을 때 올 수 있습니까?

スケジュールを見て、空いていれば出来る限り来たいと思います。

스케줄을 보고 특별한 일이 없다면 가급적 올 것입니다.

13 Track 33

立ち仕事ですが、大丈夫ですか？

서서하는 일입니다만 괜찮겠습니까?

はい。体力には自信があります。

예. 체력에는 자신이 있습니다.

14 Track 34

何_{なに}か質問_{しつもん}はありますか？

뭔가 질문이 있습니까?

 特_{とく}にありません。がんばりますので、よろし

くお願_{ねが}いします。

특별히 없습니다. 열심히 하겠습니다. 잘 부탁드립니다.

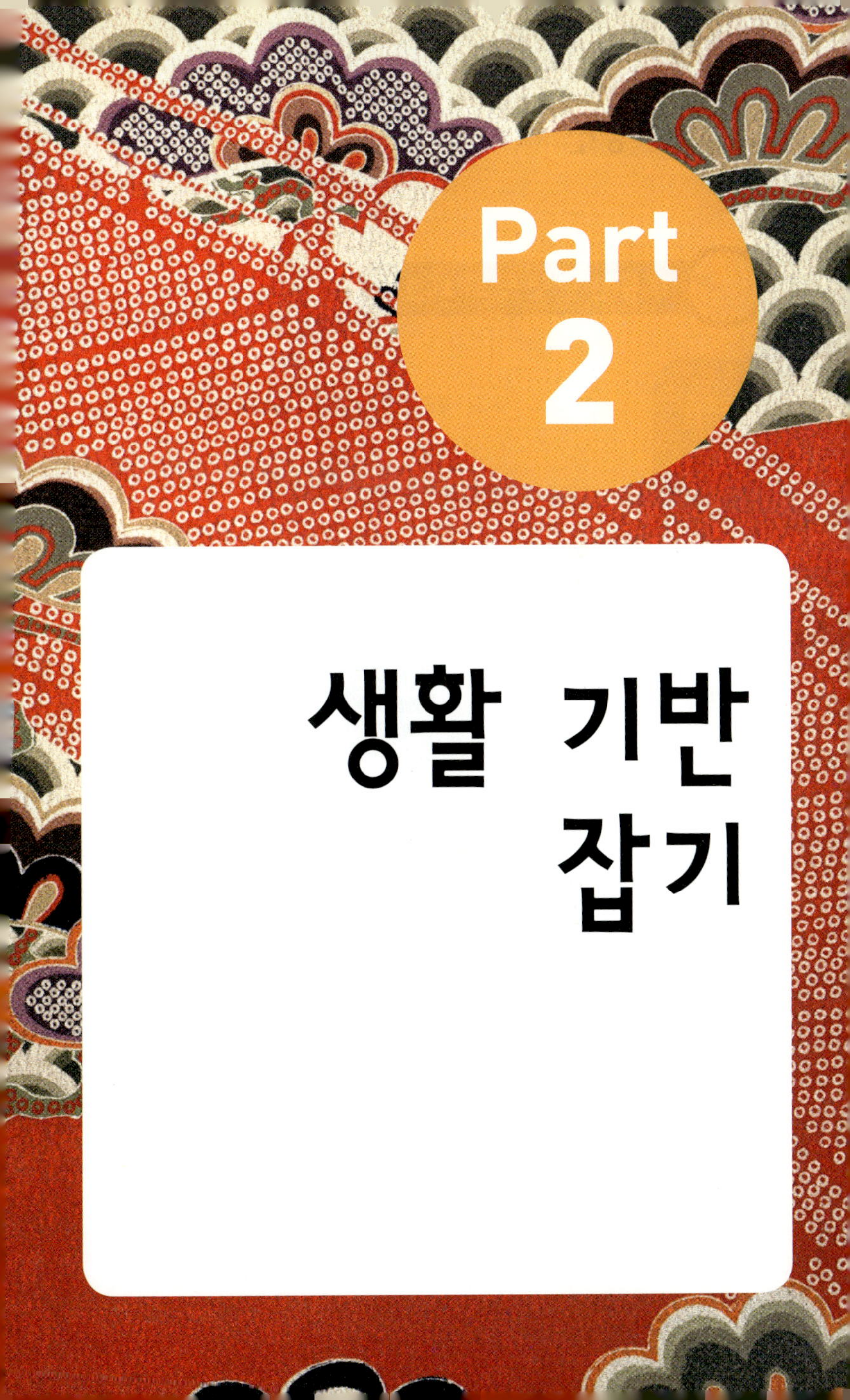
Part
2

생활 기반
잡기

1 부동산

種類
しゅ るい
종류

- マンション 철근 콘크리트 아파트 (한국의 아파트)
- アパート 일본에서는 아파트라고 하면 스틸하우스

처럼 2층이나 3층 정도의 간편한 것을 말합니다.

条件
じょう けん
조건

- 駅から徒歩10分 역에서 걸어서 10분
- 駅からバス8分 역에서 버스로 8분
- エアコン付き 냉난방기 있음
- オートロック 오토 도어락
- フローリング 나무바닥 (보통 카펫)
- バス・トイレ別 목욕탕과 화장실 구별되어 있음

(원룸은 보통 같이 있음)

- ロフト^つ付き 다락방 있음
- 2階以上 2층 이상
- 新築 신축
- 築15年 건축한지 15년
- 南向き 남향
- 東向き 동향 (일본에서 가장 많은 듯)
- 西向き 서향

費用
비용

- 家賃 월세
- 管理費 관리비
- 敷金2 보증금으로 월세 2개월 분을 내야 함 (집을 비울 때 보수비를 빼고는 돌려줌)
- 礼金1 집주인에 대한 사례로 월세 1개월 분을 내야 함 (집을 비울 때 돌려주지 않음)
- 仲介手数料 중개수수료

- 家賃 (や ちん) 월세

- ワンルーム 원룸은 하나 방에 부엌 화장실까지 있는 스타일입니다.

- 1K 방 하나, 부엌과 화장실은 현관 쪽으로 있고 문으로 방과 나눌 수 있습니다.

- 1DK 방하나, 식당, 부엌 구조입니다. 부엌 앞에 밥상을 놓을 정도의 공간이 있고, 문으로 방과 나눠져 있습니다.

- 1LDK 방하나와 거실이 있고, 식당, 부엌이 있습니다.

- 2K 방 두 개와 부엌입니다.

① 원룸

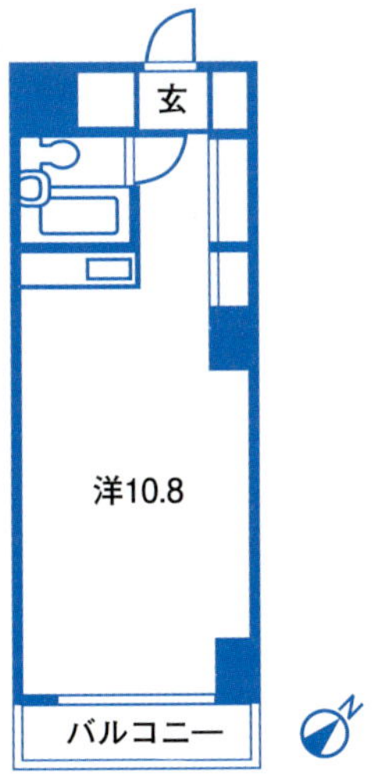

- 「玄」은 玄関げんかん(현관)입니다.

- 「洋」는 洋室ようしつ이며 카펫 방입니다.

- 「10.8」은 10.8畳じょう이며, 2畳じょう≒1평입니다.

  (畳じょう는 다다미 1장을 말하는 것으로 대략 180×90 정

  도입니다)

- 발코니가 있고, N가 북쪽이므로 이 방은 동남향이 됩니다.

② 1K

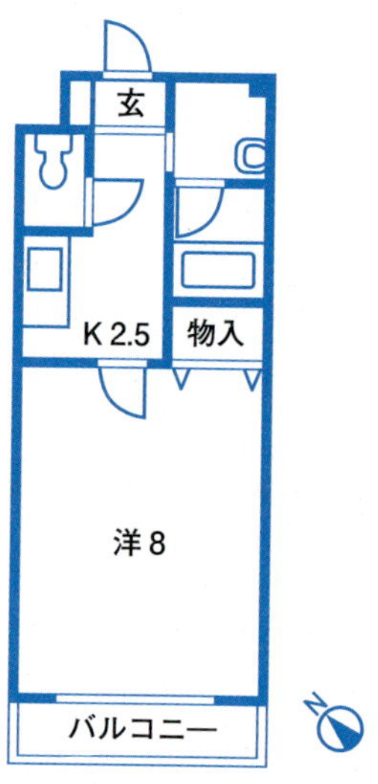

- 방 하나에 부엌(K=키친)이 있는 구조입니다.

- 부엌의 크기는 2.5畳じょう, 크기는 8畳じょう입니다.

- 「物入ものいれ」는 붙박이 장입니다. 부엌이 독립공간이고,
  화장실, 욕조, 세면대가 구별되어 있습니다.

- 서남향입니다.

도면보는 법!

❸ 1DK

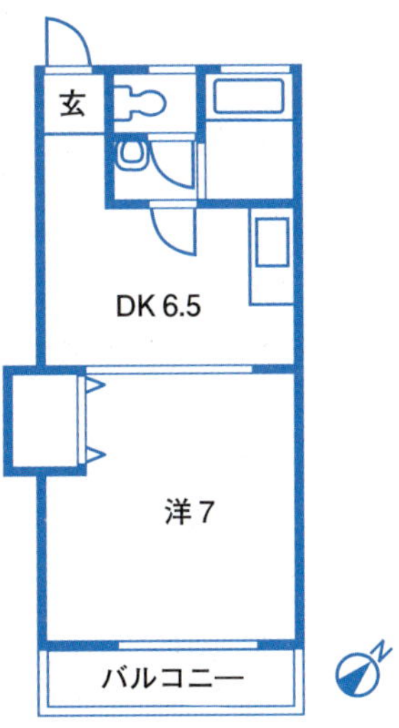

I 방 하나에 부엌, 식당이 있는 구조로 방 크기는 7畳じょう, 부엌과 식당의 크기는 6.5畳じょう입니다.

I 방에는 붙박이장이 있습니다.

4 2DK

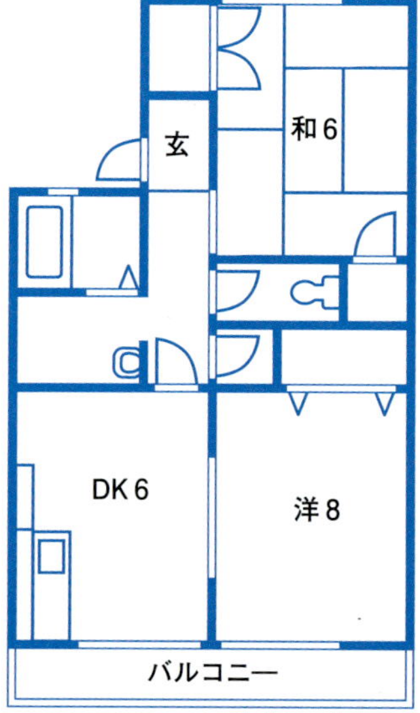

- 방 두 개와 부엌, 식당이 있는 구조입니다.
- 「和」는 和室わしつ의 의미이며, 바닥에 다다미가 깔려있는 방입니다. 和室わしつ의 크기는 6畳じょう이며, 붙박이장이 두 개 있습니다.
- 洋室ようしつ의 크기는 8じょう畳이며, 붙박이장이 있습니다.
- 식당과 부엌은 6畳じょう, 세면대, 욕조, 화장실이 구별되어 있는 구조입니다.
- 두 명 살면 좋은 크기입니다.
- 남향이 됩니다.

Track 35

キム こんにちは。部屋を探しているんですけど……。
안녕하세요. 방을 찾고 있습니다만.

不動産屋 そうですか。こちらへどうぞ。
그렇습니까? 어서 들어오세요.

どんな部屋をお探しですか。
어떤 방을 찾고 계십니까?

キム 一人暮らしをしようと思って……。
혼자 생활하려고 하는데…….

1Kの部屋を見せてもらえますか。
원룸을 보여주시겠어요?

不動産屋 わかりました。韓国の方ですか。
알겠습니다. 한국 분이십니까?

キム はい。
예.

不動産屋 保証人はいますか。
보증인은 있습니까?

キム いいえ。
그럼, 아니오.

不動産屋 じゃあ、保証人不要の物件を
그럼, 보증인이 필요없는 물건을

お見せしますね。
보여드릴께요.

キム はい。それからできれば、2階以上で、
예. 그리고 가능하면 2층 이상으로

7万円程度の部屋がいいのですが。
7만엔 정도의 방이 좋겠습니다만.

不動産屋 わかりました。こちらは駅から徒歩7分で、
알겠습니다. 이쪽은 역에서 걸어서 7분이며,

築18年です。
18년 된 건물입니다.

キム 自転車があるので、駅から遠くても、
자전거가 있으니까 역에서 멀더라도

きれいなところがいいのですが。
깨끗한 곳이 좋겠습니다만.

不動産屋 そうですか。じゃあ、こちらは公園の前で、

그렇습니까. 그럼, 이쪽은 공원 앞이고

築3年ですよ。

3년된 건물입니다.

キム 間取りも使いやすそうですね。

방 배치가 편리할 것 같네요.

不動産屋 すぐ前にコンビニがあるので、便利だと思い

바로 앞에 편의점이 있어서 편리할겁니다.

ます。敷金と礼金もありませんよ。大家さんも

보증금도 사례금도 없어요. 집주인도

とてもやさしいおばあちゃんです。

매우 좋은 할머니입니다.

キム そうですか。

그렇습니까?

不動産屋 この近くなので今から見に行ってみましょうか。

이 근처니까 지금 보러 가 볼까요?

キム はい。お願いします。

예. 부탁드립니다.

쓰레기 수거

❶ Track 36

資源・ごみ集積所　재활용품 · 쓰레기 집적소

① Track 37

★ 資源とごみは収集日の朝8時までに出してください。

재활용품과 쓰레기는 수집일 아침 8시까지 내 놓아 주세요.

★ 事業系の資源・ごみはすべて有料です。練馬区の有料ゴミ処理券を貼って出してください。

산업용 재활용품 · 쓰레기는 모두 유료입니다. 네리마구의 유료 쓰레기 처리표을 붙여서 내놓아 주세요.

② Track 38

月 월　可燃ごみ　가연쓰레기

〈燃えるごみ(타는 쓰레기) · 燃やせるごみ(태우는 쓰레기)라고 표현하는 지역도 있음〉

木 목　可燃ごみ　가연쓰레기

金 금　不燃ごみ　불연쓰레기　隔週 격주

〈燃えないごみ(타지 않는 쓰레기) · 燃やせないゴミ(태우지 않는 쓰레기)라고 표현하는 지역도 있음〉

土 토　プラスチック　플라스틱　容器包装　용기포장
　　古紙　폐지

③ 可燃ごみ 가연쓰레기 :

プラマークが表示されていないプラスチック製品、洗っても汚れの落ちない容器包装プラスチック、ゴム・革製品、生ごみ、木の枝・草花、紙おむつ、古紙に出せない紙類など

플라스틱 재활용 마크가 표시되어 있지 않은 플라스틱 제품, 씻어도 깨끗해 지지 않는 용기포장 플라스틱, 고무, 피혁 제품, 음식물 쓰레기, 나뭇가지, 화초, 종이기저귀, 폐지로 내놓을 수 없는 종이류 등

④ 不燃ごみ 불연쓰레기 :

隔週（2週間に1回）ガラス、陶器類、金属類、蛍光灯、電球、30cm角未満の小型家電など

격주 (2주간 1회) 유리, 도자기류, 금속류, 형광등, 전구, 가로세로 30cm 미만의 소형 가전 등

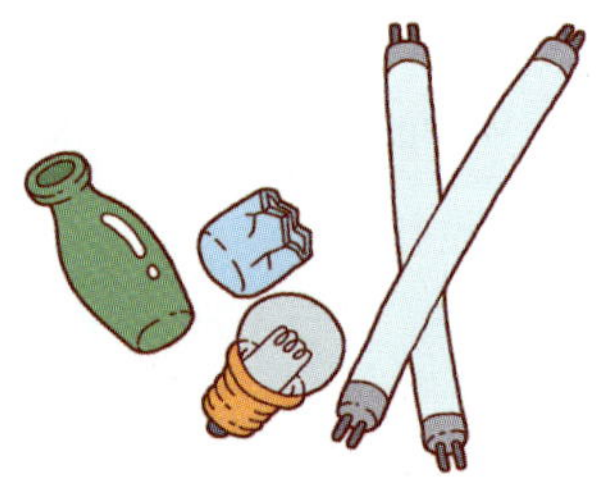

❺ 容器包装 プラスチック 용기포장 플라스틱 :

プラマークのある容器包装 ボトル類、カップ類、緩衝材類、トレイ類、袋、フィルム類、パック類など

플라스틱 재활용 마크가 있는 용기포장, 병류, 컵류, 완충재류, 쟁반류, 봉투, 필름류, 플라스틱 가방류 등

❻ 古紙 폐지 :

新聞、雑誌、ダンボールなど 신문, 잡지, 골판지 등

雨天でも回収します 우천 시에도 회수합니다

❼ 飲食用びん・缶・ペットボトル 음식용 병·캔·페트병 :

週1回、決められた場所におかれる回収容器に入れてください。 주 1회, 정해진 장소의 회수용기에 넣어 주세요.

飲食用びん → 赤いかご 음식용 병 → 빨간 바구니

飲食用缶 → 緑のかご 음식용 캔 → 녹색 바구니

ペットボトル → 青い回収袋 페트병 → 청색 회수봉투

⑧ 粗大ごみ　申込制（有料） 폐가전 쓰레기 신고제 (유료)

粗大ごみ受付センター 폐가전 쓰레기 접수센터

※ 洗濯機・テレビ・エアコン・冷蔵（凍）庫は、購入した小売店または家電リサイクル受付センターへ

※ 세탁기 · 텔레비전 · 에어컨 · 냉장(냉동)고는 구입한 소매점 혹은 가전 재활용 접수센터로 연락해 주세요.

⑨ 古紙の持ち去り厳禁

폐지 개인 수거 엄금

かん

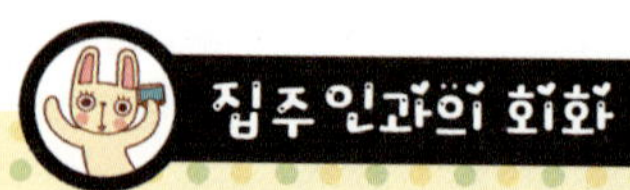

キム　すみません。ごみはどのように捨てたら
실례합니다만. 쓰레기는 어떻게 버리면

いいでしょうか。
됩니까?

大家　ごみの回収日はこの紙に書いてあるので、
쓰레기 회수일은 이 종이에 써 놓았으니까

見てくださいね。ごみは、あそこにスペースが
보세요. 쓰레기는 저기에 공간이

あるでしょう？あそこが集積所ですよ。
있죠? 저곳이 버리는 곳이예요.

キム　あ、あそこですね。
아, 저곳이군요.

大家　ごみの袋はコンビニやスーパーで売っているの
쓰레기봉투는 편의점이나 슈퍼에서 팔고 있으니까

で、買ってくださいね。
구입하세요.

キム　はい。いろいろとありがとうございます。
네. 여러가지로 감사합니다.

大家〈おおや〉 また何〈なに〉かわからないことがあったら、
또 모르는 것이 있으면

この5軒隣〈けんとなり〉に住〈す〉んでいるから、
여기서 다섯 번째 집에서 살고 있으니까

聞〈き〉きにきてくださいね。
와서 물어보세요.

1 레스토랑, 이자카야(선술집) 홀

2 패스트푸드 주방

Part
3
음식점
알바하기

1 레스토랑, 이자카야(선술집) 홀

Track 47

店員 いらっしゃいませ。お客様、何名様ですか。
어서 오세요. 손님 몇 분이십니까?

客 二人です。
두 명입니다.

店員 お二人様で。禁煙席と喫煙席がございますが？
두 분이십니다. 금연석과 흡연석이 있습니다만.

客 禁煙席でお願いします。
금연석으로 부탁합니다.

店員 はい。それではお席の方にご案内いたします。
예. 그럼 자리로 안내해 드리겠습니다.

店員 こちらメニューになります。ご注文がお決まりに
여기 메뉴입니다.　　　　　　　　　　주문이 결정되시면

なりましたらお呼びください。
불러 주십시오.

一名様いちめいさま、お一人様ひとりさま 한 분 │ 三名様さんめいさま 세 분 │ 四名様よんめいさま 네 분 │ 窓際まどきわのお席せきはいっぱいとなっております。 창가 좌석은 만석입니다. │ カウンターでもよろしいですか。 카운터 자리라도 괜찮으시겠습니까? │ ただいま満席まんせきですので、15分ふんほどお待まちいただけますか。 지금 자리가 없습니다만, 15분정도 기다리셔도 괜찮겠습니까? │ お待まちのお客様きゃくさまで、田中様たなかさま、いらっしゃいますか。 대기 중이신 고객 중에 다나카님 계십니까? │ お待またせいたしました。 오래 기다리셨습니다.

店員 お待たせいたしました。
오래 기다리셨습니다.

ご注文はお決まりでしょうか。
주문은 결정되셨습니까?

客 ランチセットのAを二つ、お願いします。
런치세트 A 두 개 주세요.

店員 パンかライスがつきますが？
빵이나 밥, 어느 쪽으로 하시겠습니까?

客 パン一つとライス一つでお願いします。
빵 하나와 밥 하나로 주세요.

店員 お飲み物は？
음료는 무엇으로 하시겠습니까?

客 コーヒー二つでお願いします。
커피 두 잔 주세요.

店員 いつお持ちしましょうか？
언제 가져다 드릴까요?

客 食後でお願いします。
식사 후에 주세요.

店員　かしこまりました。
　　　알겠습니다.

　　　ご注文の方、確認させていただきます。
　　　주문 확인 드리겠습니다.

　　　ランチセットのAを二つ、パンとライスで。
　　　런체세트 A 두개, 빵과 밥.

　　　食後にコーヒー二つ、以上でよろしいですか。
　　　식사 후에 커피 두 잔, 이상 맞으십니까?

客　はい。
　　　예

店員　失礼いたします。メニューの方、
　　　실례합니다. 메뉴판은

　　　おさげいたします。
　　　치워드리겠습니다.

おしぼり 물수건 ｜ 水みず、お冷ひや 냉수, 찬물 ｜ シルバー（フォーク、ナイフ、スプーン、デザートスプーン、パフェスプーン、ティースプーン）실버 ｜ はし 젓가락 ｜ 取とり皿ざら、小皿こざら 앞 접시, 개인접시 ｜ ナプキン 냅킨 ｜ トレー 트레이, 쟁반 ｜ ダスター 행주 ｜ おかわり 동일한 것의 추가(리필) ｜ 大盛おおもり 곱빼기

店員 失礼いたします。こちらのお皿、
실례하겠습니다. 이쪽의 접시,

お下げしてもよろしいでしょうか。
치워도 괜찮으시겠습니까?

客 はい。
예.

店員 コーヒーをお持ちいたします。
커피 가져오겠습니다.

客 お願いします。それからデザートのメニューを
부탁합니다. 그리고 디저트메뉴

もらえますか。
볼 수 있을까요?

店員 はい、ただいまお持ちいたします。
예, 바로 가져오겠습니다.

店員 こちらがデザートになります。「今日のケーキ」は
이쪽이 디저트입니다. '오늘의 케이크'는

ベリーのタルトになっております。
베리 타르트입니다.

客
じゃあ、「今日のケーキ」を二つでお願いします。
그럼 '오늘의 케이크' 두 개 주세요.

店員
申し訳ございません。ベリーのタルトの方が、
죄송합니다. 베리 타르트가

品切になってしまいまして。
품절 되었습니다만.

客
そうですか。じゃあ、チーズケーキを二つ、
그렇습니까? 그럼 치즈케이크 두 개

お願いします。
주세요.

店員
はい。かしこまりました。
예. 알겠습니다.

お飲のみ物ものはドリンクバーからご自由じゆうにお持もちください。 음료는 드링크 바에서 자유롭게 드세요. | **お食事しょくじの方ほう**は、お済すみでしょうか？ 식사는 다 마치셨습니까? | **追加注文ついかちょうもん** 추가주문 | **ラストオーダーとなります**がよろしいでしょうか。 주문 마감입니다만 괜찮으시겠습니까(더 시키실 것은 없습니까)?

客 すみません。会計、お願いします。
여기 계산 부탁합니다.

店員 はい。お待たせいたしました。
예. 계산해드리겠습니다.

伝票をお預かりいたします。
계산서 확인하겠습니다.

客 別々でお願いしたいんですけど。
각자 계산 해주시면 좋겠습니다만.

店員 はい。
예.

客 ランチセットのAと今日のケーキ……。
런치세트 A와 오늘의 케이크…….

店員 はい。お会計、1050円になります。
예. 계산은 1050엔입니다.

1500円、お預かりします。450円のお返しです。
1500엔 받았습니다. 450엔 남겨드리겠습니다.

どうもありがとうございました。
대단히 감사합니다.

店員（てんいん） 残（のこ）り、1350円（えん）になります。1350円（えん）、ちょうど
나머지, 1350엔입니다. 1350엔, 정확히

頂（いただ）きます。ありがとうございました。
받았습니다. 감사합니다.

またお越（こ）しくださいませ。
또 찾아주세요.

店員（てんいん） 次（つぎ）のお客様（きゃくさま）、お待（ま）たせいたしました。
다음 손님, 오래 기다리셨습니다.

お忘（わす）れ物（もの）です。 분실물입니다.　|　レシート 영수증　|　領収書（りょうしゅうしょ）
영수증　|　ポイントカードはお持（も）ちですか。 포인트카드 갖고 계십니까?

客 すみません。あの、
여기요. 저,

まだ注文した物が来ないんですけど……。
아직 주문한 게 안 나왔는데요…….

店員 申し訳ございません。
죄송합니다.

ただいま確認して参りますので、
지금 확인하고 오겠으니

少々お待ちください。
잠시만 기다려 주십시오.

店員 大変申し訳ございません。
대단히 죄송합니다.

ただいまお作りいたしておりますので、
지금 만들고 있습니다.

もう少々お待ちください。
조금만 더 기다려 주세요.

客 もう40分も待っているんですよ。
벌써 40분이나 기다리고 있는 거예요.

<ruby>店員<rt>てんいん</rt></ruby> ｜ <ruby>大変<rt>たいへん</rt></ruby><ruby>申<rt>もう</rt></ruby>し<ruby>訳<rt>わけ</rt></ruby>ございません。ただいま、

대단히 죄송합니다. 지금

オーダーがこみあっておりまして……。

주문이 밀려 있어서 …….

すぐにお<ruby>持<rt>も</rt></ruby>ちいたしますので……。

빨리 가져오겠습니다.

失礼 しつれいいたしました。 실례했습니다. ｜ おけがはございませんでしたか。 다친 곳은 없으십니까? ｜ すぐにおふきいたします。 즉시 닦아 드리겠습니다. ｜ お料理り ょうりの方ほう、お取とり替かえいたします。 요리는 교환해 드리겠습니다.

2 패스트푸드 주방

Track 52

佐藤 たまねぎはみじん切りにして、
양파는 잘게 썰고

大根は短冊切りね。
무는 직사각형 썰기 하세요.

キム はい。まな板はこれを使えばいいですか。
예. 도마는 이것을 쓰면 됩니까?

佐藤 うん。それから、フライパンで炒めて、
예. 그리고 프라이팬에 볶고

盛り付けはこの写真を参考にしてくださいね。
접시에 담을 때는 이 사진을 참고로 해 주세요.

キム はい。他の調理器具はどこにあるんですか。
예. 다른 조리 기구는 어디에 있습니까?

佐藤 この棚にあるものを使ってください。
이 선반에 있는 것을 사용하세요.

なべやボウルもここにありますよ。
냄비랑 볼도 여기 있어요.

それからやけどをするといけないので、
그리고 화상을 입으면 안 되니까

なべつかみを使（つか）ってくださいね。
주방장갑을 사용하세요.

キム はい、わかりました。ありがとうございました。
예. 알겠습니다. 고맙습니다.

薄切（うすぎ）り 얇게 썰기 | 細切（ほそぎ）り 가늘게 썰기 | 煮（に）る 삶다, 조리다, 끓이다 | ゆでる 데치다 | 揚（あ）げる 튀기다 | 混（ま）ぜる 섞다 | 焼（や）く 굽다 | 冷（ひ）やす 식히다 | あくをとる 떫은 맛(쓴 맛)을 제거하다. | すりおろす 갈아 내리다. | さいばし (요리나 반찬을 각자의 접시에 덜 때 쓰는) 긴 젓가락 | 泡立（あわだ）て機（き） 거품기 | フライ返（がえ）し 뒤집개 | おたま 국자 | トング 집게 | 包丁（ほうちょう） 부엌칼

佐藤 ▎ 熱いの通りま〜す。
뜨거운 거 지나갑니다.

キム ▎ はい。
예.

佐藤 ▎ そのなべ、洗ってこっちに持って来てね。
그 냄비, 씻어서 이쪽으로 가져 와요.

キム ▎ はい。後ろ通りま〜す。
예. 뒤쪽으로 지나갑니다.

なべ、ここでいいですか。
냄비, 여기에 놓을까요?

佐藤 ▎ うん。ありがとう。ふたも持ってきて。
예. 고마워요. 뚜껑도 가져와요.

キム ▎ あ、すみません。ふた、しておきます。
아, 미안합니다. 뚜껑 덮어 두겠습니다.

流台 ながしだい 개수대 | 調理台 ちょうりだい 조리대 | ガスレンジ 가스레인지 | オーブン 오븐 | 電子 でんし レンジ 전자레인지 | 換気扇 かんきせん 환기팬 | 強火 つよび 강불, 센 불 | 中火 ちゅうび 중불 | 弱火 よわび 약불 | 洗 あらい 場 ば 설거지 칸 | 床 ゆか 마루

佐藤 キムさん。これ、オーダーミス。
김씨, 이거 오더미스예요.

キム え？すみません。
예? 미안합니다.

佐藤 これ、チーズバーガーじゃなくて、
이거 치즈버거가 아니라

チキンバーガーだったよ。
치킨버거였어요.

キム 本当だ。申し訳ありません。
정말이네요. 죄송합니다.

佐藤 次から気をつけてね。
다음부터 주의해 주세요.

キム はい。気をつけます。すみませんでした。
예. 주의하겠습니다. 죄송합니다.

佐藤 お客さん、待ってるから。急いで作り直してね。
손님 기다리니까 서둘러서 다시 만들어 주세요.

キム はい。
예.

食器しょっきを割わる 식기를 깨다 ｜ 髪かみの毛けが入はいっている 머리카락이 들어 있다 ｜ 虫むしが入はいっている 벌레가 들어 있다 ｜ 焦こげる 타다 ｜ 焦こがす 태우다, 그을리다 ｜ 焦こげ 타서 눌은 것 ｜ 落おとす 떨어뜨리다 ｜ ぬるい 미지근하다 ｜ 冷つめたい 차다 ｜ 暖あたためる 데우다

HOTEL

Part
4
호텔에서
일하기

1 프런트

Track 55

客 すみません。予約している高橋ですが。
실례합니다. 예약한 다카하시인데요.

キム はい。高橋様。シングルルームを2泊ですね。
예. 다카하시 고객님. 싱글 룸 2박이시죠.

禁煙のお部屋でよろしかったでしょうか。
금연실 예약 맞습니까?

客 はい。
예.

キム こちら、お部屋の鍵になります。
여기 객실 열쇠입니다.

エレベーターはあちらの柱の裏側です。
엘리베이터는 저쪽 기둥 뒤쪽입니다.

客 チェックアウトは何時ですか。
체크아웃은 몇 시입니까?

キム 10時となっております。
10시로 되어 있습니다.

客 わかりました。ありがとう。
알겠습니다. 감사합니다.

:: 기타중요단어 :: 

身分証明証みぶんしょうめいしょう 신분증 ｜ パスポート 여권 ｜ ルームサービス 룸서비스 ｜ インドアロック 방안에 열쇠를 두고 잠궈버림 ｜ カードキー 카드키 ｜ 金庫きんこ 금고 ｜ 貴重品きちょうひん 귀중품 ｜ ダブル 더블 ｜ ツイン 트윈 ｜ エキストラベッド 엑스트라 베드 (보조침대)

客 チェックアウトをお願いします。
체크아웃 부탁합니다.

キム はい。バーのご利用はございませんか。
예. 미니바는 사용하지 않으셨습니까?

客 はい。使っていません。
예. 사용하지 않았습니다.

キム お支払はカードでよろしいですか。
지불은 카드로 하시겠습니까?

客 はい。
예.

キム シングルルーム、2泊で2万4千円になります。
싱글 룸. 2박에 2만 4천 엔입니다.

こちらにサインをお願いします。
여기에 사인 부탁드립니다.

客 ここでいいですか。
여기에 하면 됩니까?

キム はい。こちらにお願いします。
예. 이곳에 부탁드립니다.

客	はい。

예.

キム	領収書のお名前は？

영수증의 이름은?

客	「上」で、お願いします。

'우에' 로 해주세요.

キム	「上様」ですね。ありがとうございました。

'우에 고객님' 이시죠. 감사합니다.

お気をつけて。

안녕히 가세요.

「上様」는 영수증에 쓰이는 말이고 손님을 존중해서 사용하는 말입니다. 혹시 "어디어디 회사"로 달라고 하면 「こちらにお書き頂けますか。(여기에 써주시겠어요?)」 라고 하면서 메모용지를 주고 그 회사 이름을 영수증에 쓰면 됩니다!

インターネット割引 わりびき 인터넷 할인 | クーポン 쿠폰 | ウイスキー 위스키 |

氷 こおり 얼음 | 歯 は ブラシ 칫솔 | かみそり 면도기

2 전화예약

キム 東京センターホテルでございます。
도쿄센터호텔입니다.

客 すみません。ホテルの予約をしたいのですが。
실례합니다. 호텔 예약을 하고 싶습니다만.

キム はい。いつごろのご予定でしょうか。
예. 언제쯤의 예약이십니까?

客 5月25日から、一泊で。
5월 25일부터 1박으로.

キム 5月25日から、一泊ですね。シングルでよろしいですか。
5월 25일부터 1박. 싱글로 괜찮으십니까?

客 はい。
예.

キム 禁煙のお部屋と喫煙のお部屋がございますが？
금연실과 흡연실이 있습니다만.

客 喫煙の部屋をお願いします。
흡연실로 부탁합니다.

キム 空室をお調べいたします。少々、お待ちください。
비어있는 객실을 알아보겠습니다. 잠시만 기다려 주세요.

キム お待たせいたしました。空室がございます。

오래 기다리셨습니다. 빈 객실이 있습니다.

料金は9千5百円ですがよろしいですか。

요금은 9천5백 엔인데 괜찮으십니까?

客 はい、お願いします。

예, 부탁합니다.

キム ご予約のお名前とお電話番号をいただけますか。

예약자 성함과 전화번호를 주시겠습니까?

客 星野光一です。電話は090の1234の5678です。

호시노 코이치입니다. 전화는 090–1234–5678입니다.

キム 星野光一様ですね。それでは5月25日から、

호시노 코이치님. 그럼 5월 25일부터

一泊、喫煙のお部屋をご予約いたしました。

1박, 흡연실로 예약해 드렸습니다.

客 ありがとうございました。

감사합니다.

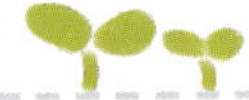

もしもし 여보세요	ちょっと電話でんわが遠とおいのですが。 전화 감이 좀 먼데요.

(전화가 잘 안 들려요)

 Track 58

3 짐 들어주기

キム 失礼いたします。
실례합니다.

お荷物をお部屋までお持ちいたします。
짐을 방까지 가져다 드리겠습니다.

客 じゃあ、この大きいのだけ、お願いします。
그럼 이 큰 것만 부탁합니다.

キム かしこまりました。
알겠습니다.

100

4 방에서

キム 失礼いたします。お荷物をお持ちしました。
실례합니다. 짐을 가져왔습니다.

客 ありがとうございます。
감사합니다.

キム お荷物はこちらでよろしいでしょうか。
짐은 이쪽에 놓아도 되겠습니까?

客 はい。
예.

キム 何かございましたら、内線0番でお呼びください。
용무가 있으시면 내선 0번으로 호출해 주세요.

失礼いたしました。
실례했습니다.

客 ありがとう。
감사합니다.

:: 기타중요단어 ::

水みずが出でません。물아 안 나와요. | シャワーからお湯ゆが出でません。샤워기에서 따뜻한 물이 안 나와요. | トイレがつまりました。화장실이 막혔습니다. | 部屋へやが水浸みずびたしになりました。방이 침수됐어요. | テレビが映うつりません。텔레비전이 안 켜져요. | アラームのやり方かたがわかりません。알람 조작법을 모르겠습니다. | 寒さむいのですが。춥습니다만……. | 暑あついのですが。덥습니다만…….

동료들에게 일을 배울 때

キム いらっしゃいませ。こちらへどうぞ。
어서오세요. 이쪽으로 오세요.

お飲み物からおうかがいします。
마실 것은 무엇으로 해 드릴까요?

客 とりあえず中生二つで。
우선 생맥주 500 두 잔 주세요.

キム 中生二つ、かしこまりました。
500 두 잔. 알겠습니다.

キム お待たせいたしました。生ビールと、こちら
오래 기다리셨습니다. 생맥주와 이쪽은

本日のお通しのぶりの煮付けになります。
오늘의 기본 안주인 방어 조림입니다.

お料理の注文がお決まりになりましたら、
주문이 결정되시면

こちらのベルでお呼びください。
이 벨로 불러주십시오.

客 今、注文します。えーっと、大根サラダと
지금 주문할께요. 음, 무샐러드와

104

ねぎとろ巻と焼き鳥を二本……。
파 참치말이와 닭꼬치 두 개…….

キム 焼き鳥は塩とタレがございますが？
닭꼬치는 소금구이와 양념구이가 있습니다만.

客 じゃあ、塩で。
그럼, 소금구이로 해 주세요.

それからチーズポテトをお願いします。
그리고 치즈 감자 튀김 주세요.

キム 以上でよろしいでしょうか。失礼いたします。
더 시키실 것은 없습니까? 실례하겠습니다.

サワー 소주 칵테일 | 日本酒にほんしゅ 정종 | 焼酎しょうちゅう 소주 | ロック 락. 얼음에 술을 부은 것 | 水割みずわり 술에 물을 넣어 연하게 한 것 | お湯割ゆわり 술에 뜨거운 물을 넣어 연하게 한 것 | ソーダ割わり 술에 소다수를 넣은 것 | ウーロン割わり 술에 우롱차를 넣은 것 | ストレート 스트레이트(술에 아무것도 타지 않은 것) | 梅干うめぼし 매실 장아찌

佐藤：ぶどうサワーの作り方は、まずこのジョッキに
포도 칵테일을 만드는 방법은, 우선 이 생맥주잔에

氷をいっぱい入れて、この計量コップのライン
얼음을 가득 넣고 이 계량 컵의 라인까지

まで焼酎を入れて、ジョッキに移してね。
소주를 넣고 생맥주 잔에 부어요.

キム：はい。焼酎はこれを使えばいいですか。
예. 소주는 이것을 사용하면 됩니까?

佐藤：うん。それから、ソーダをこのラインまで
예. 그리고 소다수를 이 라인까지

入れて、そのあとでカルピスを上まで入れて、
넣고, 그 다음에 포도 원액을 위까지 넣고

マドラーでかき混ぜてから持っていってね。
막대로 섞은 다음에 가지고 가면 돼요.

キム：はい、わかりました。
예. 알겠습니다.

佐藤：生グレープフルーツサワーは、焼酎とサイダーの
생 자몽 소주 칵테일은 소주와 사이다의

量は同じで、グレープフルーツを切って、
양은 똑같이 하고 그레이프 프루츠를 반으로 잘라서

半分をつければいいから。
한쪽만 나가면 돼요.

キム ┃ スクウィーザーも一緒に持っていくんですよね？
과일즙 강판도 함께 가지고 가면 되지요?

佐藤 うん。グレープフルーツをスクウィーザーの上に
예. 자몽을 강판 위에 올리세요.

のせてね。

キム はい。わかりました。ありがとうございました。
예. 알겠습니다. 감사합니다.

佐藤 あ、オーダーが入ってきたから、一緒に作って
아, 주문이 들어왔으니 함께 만들어 봅시다.

みましょう。

グラス 유리잔 ┃ **大だいジョッキ** 1000cc 생맥주잔 ┃ **ボトル** 병 ┃ **ピッチャー** 피처 ┃ **生なまクリーム** 생크림 ┃ **チェリー、さくらんぼ** 체리 ┃ **ストロー** 빨대

佐藤　キムさん、大丈夫？さっき酔っぱらいの客に
김재영씨 괜찮아요? 좀 전에 술에 취한 손님에게

からまれてたけど。
트집 잡혔었잖아.

キム　ちょっと困りました。でももう慣れっこですよ。
좀 난처했었어요. 하지만 이미 익숙한걸요.

佐藤　頼もしいね～！
믿음직스러워!

キム　韓国の酔っぱらいも、同じようなもんですから。
한국의 취객도 마찬가지이니까요.

佐藤　でも、キムさんの呑み込みが早くて、
그래도 김재영씨는 이해가 빨라서 정말로 도움이 된다니까요!

本当に助かってますよ！

キム　周りの方がフォローしてくださるおかげですよ。
주변에서 도와주시는 덕분이죠.

佐藤　うれしいこと言ってくれるね～！
그렇게 말해주니 고마워요.

キム みなさんのおかげで、仕事が楽しいです！
여러분 덕분에 일이 재미있어요!

佐藤 あ、そうそう。土曜の昼に、みんなでお花見
아, 맞다. 토요일 낮에 모두 벚꽃놀이

行くっていう話、聞いてますよね？
가자는 이야기, 들었죠?

キム えーっと、11時に中央公園の西門でしたっけ？
아, 11시에 중앙공원 서문이었던가요？

佐藤 そうそう！キムさんも絶対に来てね！
맞아! 김재영씨도 꼭 와요!

キム 楽しみにしてます！
기대하고 있습니다!

Track 63

佐藤 毎度、ありがとうございます。にこにこ酒場です。
매번 감사합니다. 방긋방긋 술집입니다.

キム あ、アルバイトのキムですが……。
아, 아르바이트생인 김재영입니다만…….

佐藤 あ、キムさん。佐藤です。こんにちは。
아, 김재영씨. 사토예요. 안녕하세요.

どうしたの？
무슨 일 있어요?

キム 風邪をひいてしまって……。店長、いますか？
감기에 걸려서요……. 점장님 있습니까?

佐藤 今、店長が出かけてるから、代わりに聞いておくよ。
지금 점장님은 외출 중이니까 저에게 대신 이야기 해요.

キム はい。すみません。実は熱が38度あって、
예. 죄송합니다. 실은 열이 38도라서

今日はちょっと仕事をするのは難しいかなと……。
오늘은 일하기가 좀 곤란할 것 같아서요…….

佐藤 えー、本当に？今日は団体さんがいて、
아, 정말? 오늘은 단체손님이 있어서

<ruby>厳<rt>きび</rt></ruby>しいんだけどな……。
매우 바쁠 것 같은데…….

キム <ruby>本当<rt>ほん とう</rt></ruby>に<ruby>申<rt>もう</rt></ruby>し<ruby>訳<rt>わけ</rt></ruby>ありません。
정말로 죄송합니다.

佐藤 <ruby>熱<rt>ねっ</rt></ruby>があるならしょうがないね。<ruby>何<rt>なん</rt></ruby>とかしてみるよ。
열이 난다면 어쩔 수 없죠. 어떻게든 해 볼게요.

キム <ruby>忙<rt>いそが</rt></ruby>しいときにすみません。
바쁠 때 미안합니다.

佐藤 とにかくゆっくり<ruby>休<rt>やす</rt></ruby>んで、<ruby>早<rt>はや</rt></ruby>くよくなってね。
아무튼 푹 쉬고 빨리 나아요.

キム すみませんでした。それでは、<ruby>失礼<rt>しつ れい</rt></ruby>いたします。
죄송합니다. 그럼 실례하겠습니다.

佐藤 お<ruby>大事<rt>だい じ</rt></ruby>に。
몸조리 잘하세요.

頭痛ずつうがひどくて……。 두통이 심해서……. | **お腹なか**を**下くだ**していて……。
배탈이 나서……. | **吐気はきけ**がして……。 속이 안좋아서……. | **吐は**いてしまっ
て……。 구토를 해서……. | **起おき上あ**がれなくて……。 일어날 수가 없어서 (몸을
일으킬 수가 없어서)…….

1 지하철

2 버스

3 기차

4 심야 장거리 버스

Part 6

교통

Track 64

A すみません。高島屋に行きたいのですが。
실례합니다. 다카시마야에 가려고 합니다만.

B 高島屋は南口ですよ。
다카시마야는 남쪽출구입니다.

A ここからどうやって行けばいいですか。
여기에서 어떻게 가면 됩니까?

B 一度、山の手線のホームに上がってください。
일단 야마노테센 홈으로 올라가세요.

ホームの一番端に南口の看板が出ていますから。
홈 맨 끝에 남쪽출구 간판이 나와 있으니까요.

A 山の手線のホームですね。ありがとうございました。
야마노테센 홈이죠? 고맙습니다.

北口きたぐち 북쪽 출구 | 東口ひがしぐち 동쪽 출구 | 西口にしぐち 서쪽 출구 | パスモ(PASMO) 교통카드 | 乗のり換かえ専用出口せんようでぐち 환승 전용 출구

114

A すみません。改札から出られないんですが……。
실례합니다. 개찰구에서 나갈 수가 없습니다만…….

B ちょっとパスモを見せてもらえますか。
잠깐 교통카드를 보여 주시겠습니까?

A はい。
예.

B うーん。磁気がおかしくなっているみたいですね。
음. 자기테이프에 이상이 생긴 것 같네요.

もしこういうことがまたあったら、
혹시 이런 일이 또 발생하면

作りなおしてください。
다시 만드세요.

A わかりました。
알겠습니다.

チャージ 충전 ｜ 乗り越し 하차역을 지나침 ｜ 清算 정산 ｜ 駅員
역무원 ｜ 有人改札 유인개찰

Track 66

A すみません。八坂神社に行きたいのですが……。
실례합니다. 야자카진자에 가려고 합니다만…….

B 駅前からバスに乗ってください。
역 앞에서 버스를 타세요.

A 八坂神社行きのバスですか。
야자카진자행 버스입니까?

B 京都市バスの清水寺祇園・銀閣寺行きです。
교토시 버스 기요미즈데라기온 · 긴카쿠지행입니다.

それで祇園で降りると目の前にありますよ。
그것을 타고 기온에서 내리면 바로 앞에 있습니다.

A わかりました。ありがとうございました。
알겠습니다. 고맙습니다.

::: 기타중요단어 ::: 

前乗まえのり 버스 앞문 승차 ｜ 料金後払りょうきんあとばらい 요금 후불 ｜ 西部せいぶ
バス 서부 버스 ｜ 都営とえいバス 도에버스 (東京都가 직접 경영하는 버스) ｜ 関東かん
とうバス 간토버스

※ 일본 버스는 한국과 비슷하게 시내는 동일 요금이므로 앞에서 타고 뒤에서 내리지만, 지방은
거리마다 요금이 다르므로 뒤에서 타면서 표를 뽑아 앞으로 내리면서 게시된 구간별 요금을 내
는 시스템입니다. 그리고 버스에는 고유 번호가 있습니다만, 버스를 구별할 때에는 「銀ぎん閣か
く寺じ行ゅきの市しバス(은각사 행. 시가 운영하는 버스)」와 같이 도착지와 버스회사(운영단체)
가 일반적으로 사용됩니다.

みどりの窓口で

미도리노 마도구치에서

A すみません。明日、新大阪まで1枚お願いします。

실례합니다. 내일 신오사카 1장 부탁합니다.

B 何時のご出発ですか。

몇 시 출발이십니까?

A 朝、10時には大阪についていないといけないんです。

아침 10시에는 오사카에 도착해야만 합니다.

なるべく、時間のかからない新幹線でお願いします。

가능한 시간이 걸리지 않는 신칸센으로 부탁합니다.

B そうすると……、7時23分東京駅発の「のぞみ309号」

그렇다면…, 7시 23분 도쿄역 출발 '노조미309호' 가

が10時ちょうどに新大阪駅につきますけど……。

10시 정각에 신오사카에 도착합니다만…….

A じゃあ、それ1枚、お願いします。

그럼 그걸로 한 장 부탁합니다.

B 自由席ですか。

자유석으로 하시겠어요?

A 指定席でお願いします。

지정석으로 부탁합니다.

B それでは明日のご出発で東京駅7時23分発の「のぞみ

그럼 내일 출발 도쿄역 7시 23분 출발 노조미

309号」、普通車指定1枚、14250円になります。

309호, 보통차 지정 1장, 14250엔입니다.

のぞみ 큰 역만 서고 가장 속도가 빠른 신간선 ｜ **ひかり** 두 번째로 빠른 신간선 ｜ **こだ
ま** 모든 역에 정차하는 신간선 ｜ **やまびこ** 동복지방 행 신간선 ｜ **グリーン車**しゃ 특실
｜ **自由席**じゆうせき 좌석이 지정되지 않고 자리가 없으면 서서가는 자리

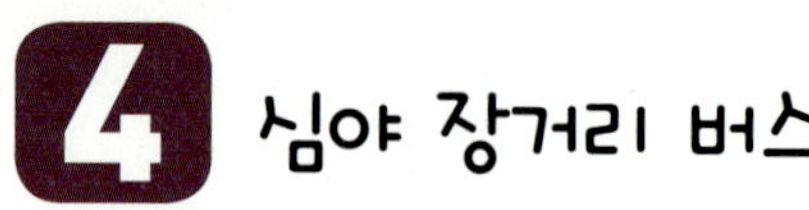

A はい、お電話ありがとうございます。
예. 전화 감사합니다.

○○バス予約センターでございます。
○○버스 예약센터입니다.

B 大阪行きの深夜バスの時間と料金を知りたいんです
오사카행 심야버스 시간과 요금을 알고 싶습니다만….

けど……。

A はい。毎日、夜、23時30分に新宿駅前を出発しまし
예. 매일 밤 23시 30분에 신주쿠역 앞을 출발해서

て、翌朝7時30分に大阪駅前に到着予定となっており
다음 날 아침 7시 30분에 오사카역 앞에 도착 예정입니다.

ます。道路状況によって、多少は到着時間が変更に
도로상황에 따라 도착시간이 약간은 변경됩니다.

なります。料金は4列シートが片道4500円で、3列
요금은 4열좌석이 편도 4500엔, 3열

シートが8600円です。
좌석이 8600엔입니다.

B | 往復だと割引があるんですか。

왕복으로 하면 할인이 있나요?

A | はい、4列シートで往復だと8500円になります。

예, 4열좌석으로 왕복으로 하면 8500엔입니다.

B | 休憩はありますか。

휴게소에서의 휴식이 있습니까?

A | 休憩はありませんが、トイレと飲み水は車内にござ

중간 휴식은 없습니다만, 화장실과 식수는 차내에 있으니

いますのでご利用ください。

이용해 주세요.

B | そうですか。じゃあ、ちょっと友だちと相談してか

그렇습니까? 그럼, 잠시 친구와 상의한 다음에

らまたかけます。

다시 걸겠습니다.

A | はい、ありがとうございました。

예, 감사합니다.

所要時間 しょようじかん 소요시간 | **渋滞** じゅうたい 정체 | **お盆休** ぼんやすみ 오봉연휴 (8월15일 전후/추석 연휴) | **正月休** しょうがつやすみ 설 연휴 (1월1일 전후) | **GW** (ゴールデンウィーク) 황금연휴 (4월말~5월초의 약 1주간)

F-Mar
冷し麺
冷し麺

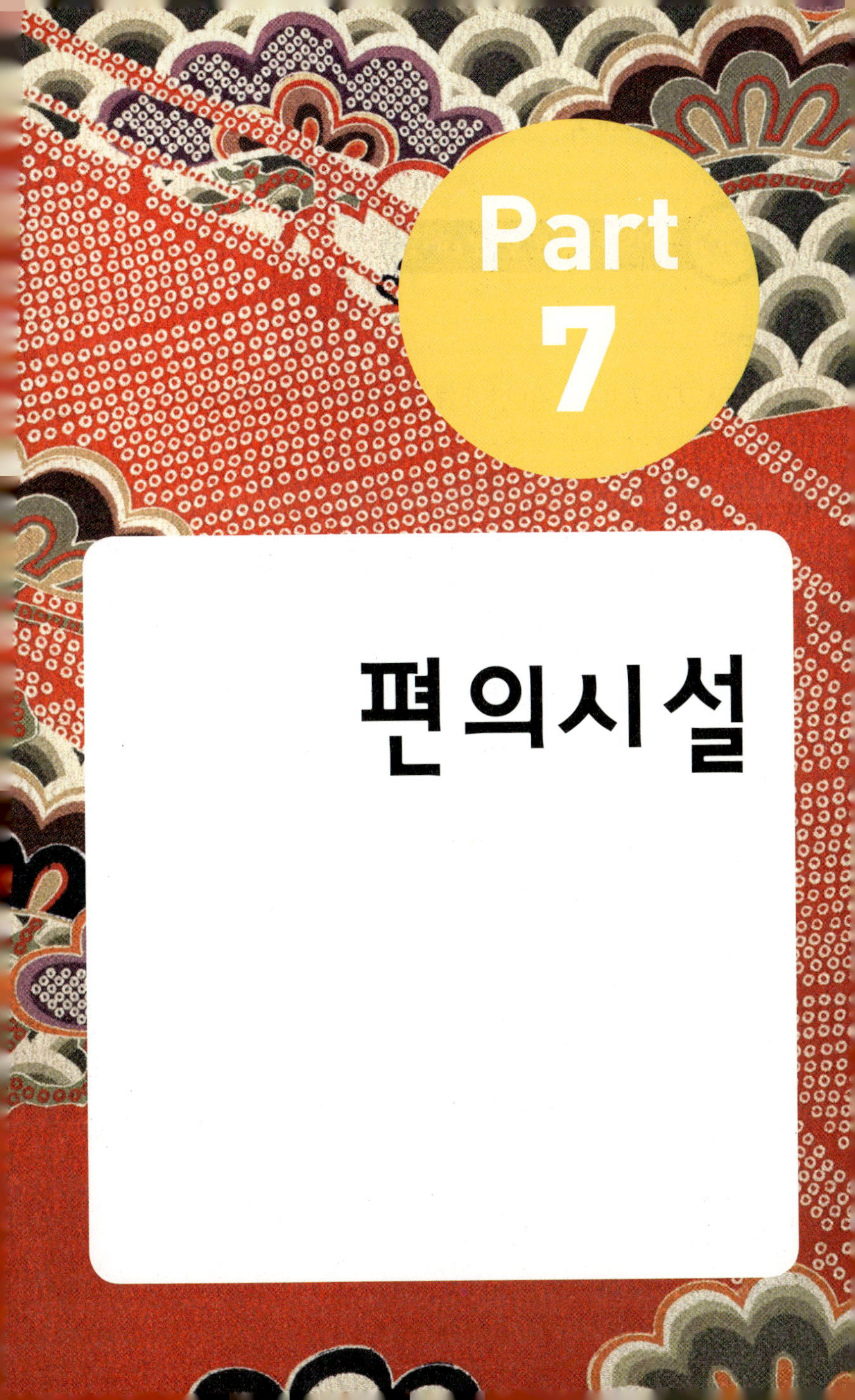
Part
7
편의시설

Track 69

A すみません。この本を韓国に送りたいのですが、
실례합니다. 이 책을 한국으로 보내고 싶습니다만,

何日くらいかかりますか。
며칠정도 걸립니까?

B EMSだと二日、航空便だと六日から十三日、
EMS는 이틀, 항공편은 6일에서 13일,

船便だと三週間から一ヶ月かかりますが。
해운은 3주에서 1개월 걸립니다만.

A そうですか。じゃあ、EMSでお願いします。
그렇습니까? 그럼 EMS로 부탁합니다.

B では、こちらに、差出人住所と、こちらに送り先を
그럼, 이쪽에 발송인 주소, 이쪽에 수취인 주소를

書いてください。この下の方には荷物の内容を
써 주세요. 이 아래쪽에는 화물 내용을

書いてください。本ですよね？
써 주세요. 책이죠?

A はい。何語で書いたらいいですか。
예. 어느 나라 언어로 쓰면 되나요?

B 日本の住所は日本語かローマ字で、韓国の住所は
일본 주소는 일본어나 알파벳으로, 한국 주소는

韓国語かローマ字でお願いします。
한국어나 알파벳으로 부탁드립니다.

A はい、わかりました。
예. 알겠습니다.

B 1.2キロですので、料金は2100円になりますが、
1.2킬로그램이니까 요금은 2100엔입니다만

よろしいですか。
괜찮으시겠습니까?

A はい、お願いします。
예. 부탁합니다.

書留かきとめ 등기우편 | **速達**そくたつ 속달 | **小包**こづつみ 소포 | **再配達**さいはいたつ 재배달, 재배송

통장 만들기

Track 70

A すみません。通帳を作りたいのですが。
실례합니다. 통장을 만들고 싶은데요.

B 身分確認の証明書はお持ちですか。
신분확인 증명서 가지고 오셨습니까?

A 外国人なんですけど、どんなものが必要ですか。
외국인입니다만, 어떤 것이 필요합니까?

B 外国人登録証かパスポートはお持ちですか。
외국인등록증이나 여권 가지고 계신가요?

A はい。
예.

B それでは、こちらの用紙にご記入ください。
그렇다면 이쪽 용지에 기입해 주세요.

A これでいいですか。
이렇게 하면 됩니까?

B はい。あとこちらに暗証番号4桁をお願いします。
예. 그다음, 이쪽에 비밀번호 4자리 부탁합니다.

A はい。
예.

B こちら、通帳になります。キャッシュカードは1週間
여기 통장입니다. 현금카드는 1주일

後にご自宅の方に、書留で郵送いたします。
후에 자택으로 등기우편으로 보내드리겠습니다.

기타중요단어

引出ひきだし 인출 ┃ 預あずけ入いれ 예금 ┃ 振ふり込こみ 이체 계좌나 예금 계좌에 돈을 불입함 ┃ 残高照会ざんだかしょうかい 잔고 조회 ┃ 通帳記入つうちょうきにゅう 통장 기입

A すみません。光熱費を払いたいのですが。
실례합니다. 공과금을 지불하려고 합니다만.

B 払い込み用紙をいただけますか。
납입용지 보여주시겠습니까?

A はい。お願いします。
예. 부탁합니다.

B ガス代、電気代、水道代、電話代ですね。
가스요금, 전기요금, 수도요금, 전화요금이시죠.

合計1万5千325円になります。
합계 만5천325엔입니다.

A はい。あ、このガムもお願いします。
예. 아, 이 껌도 부탁합니다.

B はい。合計1万5千425円になります。
예. 합계 만5천425엔입니다.

A ありがとうございました。
감사합니다.

기타중요단어

コピー 복사 ｜ ファックス 팩스 ｜ **現像**げんぞう (사진) 현상 ｜ **プリントアウト** 출력, 인쇄 ｜ **チケット購入**こうにゅう 티켓 구입 ｜ **宅急便**たっきゅうびん 택배 ｜ **クール宅急便**たっきゅうびん 냉동 택배

뭘봐-
야...
야상
아니십니까?

Part
8

위급상황

1 분실

A すみません。財布を落としたんですけど……。
실례합니다. 지갑을 잃어버렸습니다만…….

B どの辺で落しましたか。
어디쯤에서 분실하셨습니까?

A よくわからないんですが、デパートで買い物をして
잘 모르겠는데, 백화점에서 쇼핑을 하던 중이었는데

いて、気づいたらなかったんです。
문득 보니까 없었어요.

B そうですか。じゃあ、スリにすられたかもしれません
그렇습니까? 그럼 소매치기를 당했을지도 모르겠네요.

ね。

A ああ、人が多くて混んでいたので……。
아, 사람이 많아서 붐볐었으니까…….

B 人混みではちゃんとかばんを閉めてくださいね。
사람이 붐빌 때는 가방을 잘 잠그세요.

A はい。
예.

B カードは入っていましたか。

カ드는 들어 있었나요?

A はい。キャッシュカードとクレジットカードが……。

예. 현금카드와 신용카드가…….

B じゃあ、それも早く連絡して今日中に止めて

그럼, 그것도 빨리 연락해서 오늘 중으로 정지시키세요.

ください。

A わかりました。

알겠습니다.

B じゃあ、こちらにお名前と連絡先を書いてください。

그럼, 이쪽에 성함과 연락처를 써 주세요.

見つかったら連絡しますので。

발견되면 연락드릴테니까요.

A はい。

예.

B 帰りの電車賃はありますか。

귀가하실 전철요금은 있습니까?

A いいえ。

아뇨.

B じゃあ、これ。500円、貸しますので。

그럼, 여기, 500엔 빌려드리겠습니다.

これで帰れますか。

이걸로 가실 수 있습니까?

A はい。

예.

B 今度、通りかかるときに返しに来てください。

다음에 근처에 지나갈 일이 있으면 갚으러 오세요.

A はい。ありがとうございました。

예. 고맙습니다.

覧おとし物もの 분실물 ｜ 紛失届ふんしつとどけ 분실신고 ｜ 遺失物いしつぶつ 유실물

Track 73

A すみません。今、行った山の手線の網棚に、荷物を
실례합니다. 지금 간 야마노테센 선반에 짐을

置いたまま降りてしまったんですけど。
두고 내려 버렸습니다만.

B どの辺で降りましたか。
어디쯤에서 내렸습니까?

A あそこの看板の前です。
저쪽의 간판 앞입니다.

B じゃあ、2両目の2つ目のドアですね。3分前に出発
그럼, 2호 칸 2번째 문이네요. 3분전에 출발한

した山の手線ですよね。今、上野辺りを通過中なの
야마노테센이죠? 지금 우에노 부근을 통과하는 중이니까

で日暮里駅で調べてもらいますね。
닛포리역에서 알아보도록 하겠습니다.

A ありがとうございます。
고맙습니다.

B どんなかばんですか。
어떤 가방입니까?

A グレーの大きなスポーツバッグです。中に財布と本

회색의 큰 스포츠백입니다. 안에 지갑과 책이

が入っています。あと赤いタオルも……。

들어 있어요. 그리고 빨간 수건도…….

B わかりました。少々お待ちください。

알겠습니다. 잠시만 기다려 주십시오.

見つかりましたよ。日暮里駅のホームの駅員室で預

찾았습니다. 닛포리역 홈에 있는 역무원실에서

かっていますので、取りに行ってください。

보관하고 있으니 찾으러 가세요.

A はい。ありがとうございました。

예. 고맙습니다.

忘わすれ物もの 분실물 ┃ **置おき忘わすれる** 잊어버리고 두고 오다 ┃ **内回うちまわり**
순환선의 안쪽으로 도는 노선 ┃ **外回そとまわり** 순환선의 바깥쪽으로 도는 노선

2 몸이 아플 때

A 初診_{しょしん}ですか。

초진입니까?

B はい。

예.

A それではこちらの問診票_{もんしんひょう}をお書_かきになって、

그러면 이쪽의 문진표를 작성하시고

保険証_{ほけんしょう}といっしょに出_だしてください。

보건증과 함께 제출해 주세요.

B すみません、問診票_{もんしんひょう}の内容_{ないよう}がちょっとわからない

잠깐만요, 문진표 내용이 좀 이해가

んですけど……。

안 되는데요…….

A 今_{いま}まで薬_{くすり}でアレルギー反応_{はんのう}が出_でたことは

지금까지 약을 먹고 알레르기반응이 있었던 적

ありますか。

있습니까?

B ありません。

없습니다.

A 大きな手術をしたことは？

큰 수술을 받으신 적은요?

B ありません。

없습니다.

A わかりました。じゃあ、大丈夫ですよ。

알겠습니다. 그럼 아무 문제 없습니다.

B はい。ありがとうございました。

예. 고맙습니다.

風邪かぜをひいたみたいで、熱ねつがあるんです。 감기에 걸린 것 같습니다만, 열이 있어요. | 頭あたまが痛いたいです。 머리가 아픕니다. | お腹なかが痛いたいです。 배가 아픕니다. | 鼻水はなみずが出でます。 콧물이 나옵니다. | せきが出でます。 기침이 나옵니다. | 首くびの筋すじがおかしいんです。 목 근육이 이상해요. | 足首あしくびをひねったみたいで、腫はれているんです。 발목을 삔 것 같은데 부어 있어요. | 最近さいきん、よく眠ねむれなくて……。 최근, 잠을 잘 잘 수가 없어서……. | 目めがかゆいんです。 눈이 가렵습니다.

A すみません。胃薬をください。
실례합니다. 위약 주세요.

B 胃もたれですか。
체했습니까?

A ちょっとつかれているみたいで、
좀 피곤한 것 같아서

消化不良ぎみなんです。
소화불량인 것 같아요.

B 錠剤と顆粒、どちらがよろしいですか。
알약과 가루약 중 무엇으로 드릴까요?

どちらがいいんですか。
어느 쪽이 좋은가요?

A 顆粒の方が溶けやすいのですが、
가루약이 잘 녹긴 합니다만

ちょっと飲みにくいですね。
먹기가 좀 힘들죠.

B あ、でも私、顆粒でも大丈夫なので、
아, 그래도 저, 가루약도 괜찮으니까

<ruby>顆粒<rt>か りゅう</rt></ruby>をください。

가루약으로 주세요.

頭痛薬ずつうやく 두통약 ｜ 痛いたみ止どめ 진통제 ｜ 下痢止げりどめ 지사제 ｜ **便秘薬**べんぴやく 변비약 ｜ 湿布しっぷ 습포 (찜질, 또는 찜질용 헝겊) ｜ **包帯**ほうたい 붕대 ｜ 絆創膏ばんそうこう／バンドエイド 반창고 ｜ **アイスノン** 아이스 팩, 냉찜질 팩 (열 날 때 식혀주는 냉 팩)

 3 위급 상황

Track 76

－ 助<ruby>たす</ruby>けて！　사람 살려!

－ 誰<ruby>だれ</ruby>か！　누구 없어요!

－ 泥棒<ruby>どろぼう</ruby>！　도둑이야!

－ 危<ruby>あぶ</ruby>ない！　위험해!

－ 待<ruby>ま</ruby>て！　기다려!

－ 痴漢<ruby>ちかん</ruby>！　치한이다!

－ 放<ruby>はな</ruby>してください！　놔 주세요!

－ やめてください！　그만하세요!

－ 大声<ruby>おおごえ</ruby>出<ruby>だ</ruby>しますよ！　소리 지를 거예요!

一 人を呼びますよ！　사람을 부르겠어요!

一 警察、呼びますよ！　경찰을 부를 거예요!

一 近寄らないで！　가까이 오지 말아요!

一 ついてこないで！　따라 오지 말아요!

一 逃げて！　도망쳐!

一 走れ！　뛰어!

MEMO